NOCES D'OR

DE

MGR TROUILLET

CÉLÉBRÉES

A LA BASILIQUE SAINT-EPVRE

LE 11 DÉCEMBRE 1883

PAR

Louis COLIN

ANCIEN PROFESSEUR AU COLLÈGE ALBERT-LE-GRAND

———— ✳ ————

NANCY

IMPRIMERIE SAINT-EPVRE — FRINGNEL ET GUYOT

3, Rue du Cheval-Blanc, 3

—

1883

NOCES D'OR

DE

MONSEIGNEUR TROUILLET

NANCY, IMPRIMERIE SAINT-EPVRE. — FRINGNEL ET GUYOT.

Photo-litho J. Royer, Nancy.   D'après la photographie Barco.

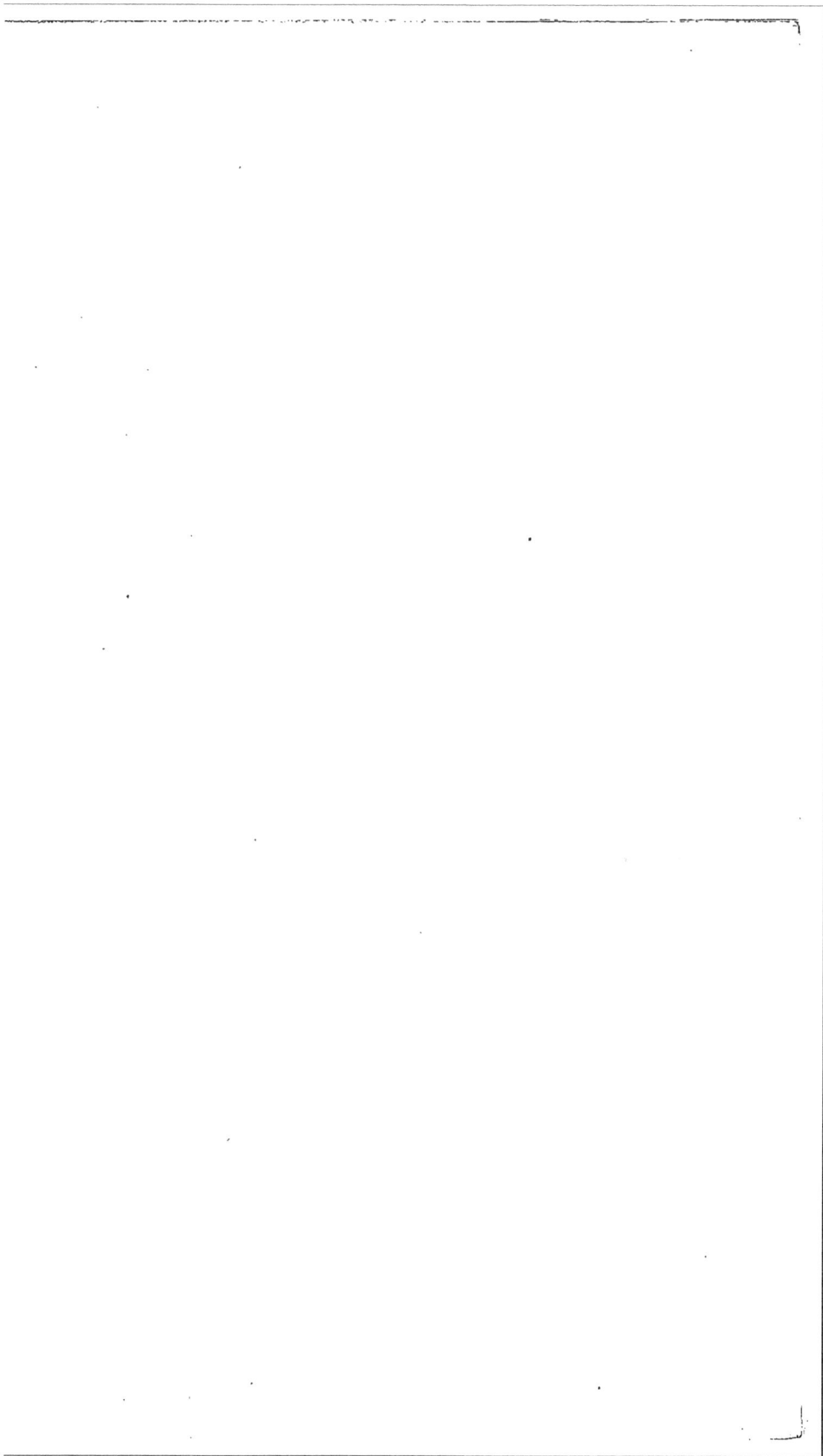

NOCES D'OR

DE

MGR TROUILLET

CÉLÉBRÉES

A LA BASILIQUE SAINT-EPVRE

LE 11 DÉCEMBRE 1883

PAR

Louis COLIN

ANCIEN PROFESSEUR AU COLLÈGE ALBERT-LE-GRAND

NANCY

IMPRIMERIE SAINT-EPVRE — FRINGNEL ET GUYOT

3, Rue du Cheval-Blanc, 3

1883

PRÉFACE

Je livre à la hâte ces pages au lecteur. L'attente du public impatient de lire le récit des magnifiques fêtes de Saint-Epvre a été mise à l'épreuve de huit jours. Mais les catholiques lorrains ne perdront rien à ce petit retard. Afin de compléter ce récit et de le rendre intelligible aux esprits les moins renseignés, j'ai dû le précéder d'une vue rétrospective jetée sur les œuvres et la vie même de Mgr Trouillet. Cette vie serait si intéressante à étudier !

Malheureusement, les mieux renseignés sont les plus discrets. Il sera difficile de recueillir les rayons épars de cette existence si féconde et si mouvementée. Les œuvres apparaissent, les collèges se fondent, les voûtes des églises s'arrondissent, les clochers s'élancent dans les airs. Voilà ce que l'œil contemple, ce que le cœur admire, ce que la raison s'étonne de constater tous les jours. Mais le secret de tant d'œuvres, la pierre philosophale qui les crée et les entretient, l'activité généreuse qui fait face à tant de besoins sans épuisement, voilà ce que le public chercherait à connaître et ce que l'historien ne lui dira peut-être jamais.

L'abbé Paramel, à l'aide de sa baguette magique, découvrait les sources d'eau cachées dans les profondeurs de la terre. Mgr Trouillet a trouvé un secret plus merveilleux encore. A force de persévérance et de travail, il a rencontré les sources intarissables de cet or avec lequel il opère de véritables prodiges. Mgr Trouillet est le grand templier du XIXe siècle. Mais sa personnalité ressemble d'une manière étonnante aux Basiliques qu'il élève. Les yeux contemplent celles-ci dans la majesté de leur ensemble. Quant à étudier le nombre des pierres employées et leur provenance, c'est un problème qui échappe à toutes les investigations.

Simple spectateur de tant d'œuvres étonnantes, j'ai voulu dire au public les émotions de mon propre cœur. Le public les partagera, et ce qui m'en donne l'heureuse conviction, ce sont les demandes pressées de cette brochure qui est réclamée de toutes parts.

Puisse-t-elle compter un jour comme une modeste pierre posée dans le monument que la vieille Lorraine lui élèvera, en reconnaissance de ceux dont elle a été gratifiée de sa main !

Nancy, le 17 décembre 1883.

Louis COLIN.

NOCES D'OR

DE

MONSEIGNEUR TROUILLET

I

MONSEIGNEUR TROUILLET

Le 11 décembre 1883, étaient célébrées au son des cloches de la ville de Nancy, les Noces d'Or de Mgr Trouillet. Cette fête était un événement pour la noble cité, pour le diocèse, pour la Lorraine, pour l'Eglise. Le prêtre étonnant qui, dans l'espace de cinquante ans, a remué les millions comme d'autres remuent de simples deniers, fondé plus d'œuvres et bâti plus d'églises que le budget d'une grande ville ne pourrait en payer, est devenu une personnalité historique de notre temps. Son nom est gravé dans la pierre et dans l'airain ; sa place marquée entre saint Vincent de Paul et ces nobles Ducs auxquels Nancy doit la série des palais qui font encore l'admiration de tous les étrangers. A vrai dire, par ses largesses, ses grandes œuvres, ses aumônes, ses mains inépuisables d'où l'or et l'argent découlent de tant de façons et sous des aspects si divers, Mgr Trouillet est le continuateur des ducs de Lorraine. Ses relations constantes avec la Cour d'Autriche, les faveurs exceptionnelles dont la famille Impériale n'a cessé de l'honorer, lui assurent cette survivance dans les annales de son pays.

Mais ce continuateur est prêtre. Les palais qu'il a bâtis ne sont point pour lui, ni pour sa famille, ni pour les siens. Ils sont élevés pour la ville, pour le peuple, pour tous les enfants de Dieu, à l'honneur de Jésus-Christ, au-delà du temps et de la terre. Les palais de Dieu sont plus resplendissants que les palais des ducs. Ils ne seront jamais livrés aux abandons de la mort. Le gouvernement divin est éternel : le Christ est un duc qui ne meurt pas.

L'étranger qui passe à Nancy n'oublie jamais de visiter Saint-Epvre. Il la contemple du dedans et du dehors, admire ses soixante-dix vitraux, son autel monumental, ses magnifiques dentelles de chêne, ses colonnes sveltes et élégantes, ses voûtes aériennes, ses lignes harmonieuses, et après avoir remarqué les écussons de plusieurs souverains gravés en couleur de pourpre au milieu de tant de richesses, il en sort émerveillé, en se demandant à l'aide de quel génie un homme seul a pu subvenir aux frais d'un pareil monument.

Quelle ne serait pas sa surprise, si on lui disait que la Basilique Saint-Epvre ne représente qu'une faible partie des œuvres sorties des mains du vénérable et puissant ouvrier ? Et pourtant, c'est l'exacte vérité. Arrivé à Nancy en 1865, il fit élever Saint-Epvre dans l'espace de 6 ans. En 1871, l'empereur d'Allemagne, vainqueur de la France, et surpris à visiter l'intérieur, payait de ses deniers le dernier vitrail, aux armes de Napoléon III.

Avant d'être nommé à Nancy, Monsieur l'abbé Trouillet avait brillamment inauguré son apostolat. Lunéville, autre cité ducale, l'avait vu à la tâche trente et un ans durant et creuser le sillon où tant de merveilles sont nées. A peine y était-il installé comme vicaire qu'il fonda une école et un collège qui subsistent toujours. Le palais ducal avait besoin de réparations, réparations lui furent données. La chapelle Saint-Léopold tombait en délabrement, elle fut restaurée. Lunéville n'avait qu'une église et une paroisse, il en eut deux. Bientôt Saint-Maur sortit du sol comme par enchantement, Saint-Maur, charmante église dont l'élégance ne laisse rien à désirer et qui porte dans ses flancs les espérances de Saint-Epvre.

Les commencements furent difficiles. Le budget des dépenses dépassa souvent celui des recettes. Les frais imprévus arrivaient de toutes parts ; les devis subissaient des remaniements, les factures pleuvaient sur les œuvres, les traites se présentaient avec de terribles conclusions. La caisse était vide. On vendait la vaisselle, le vin de la cave, les provisions de l'année. A certains moments, la pauvreté était si grande au collège que les verres des élèves servaient aux maîtres. On dinait successivement, en raison de l'insuffisance de l'outillage.

Pour faire face à tant de besoins, l'abbé Trouillet prenait son bâton de pèlerin. Il allait prêcher à Paris, à Bruxelles, au Luxembourg, revenait par le Midi, passait par Bordeaux et Lyon, et rentrait à la hâte. Ses départs s'effectuaient d'habitude le dimanche soir. Ils se prolongeaient huit ou quinze jours. Et que de fatigues durant ces pérégrinations à travers la France ! Le lit était un meuble inconnu pour lui ; ses yeux n'avaient ni la permission, ni le temps de dormir.

Pour arriver plus vite et plus sûrement, il voyageait la nuit et prêchait le jour. La semaine se passait ainsi sans repos ni cesse, et, le samedi venu, Lunéville voyait rentrer son pèlerin couvert de la poussière du chemin, le corps brisé mais non vaincu, les pieds gonflés au point de nécessiter l'amputation des bas pour en sortir. Ce soir-là, par exception, l'heure du couvre-feu était devancée. Au lieu de se coucher à neuf heures, l'abbé Trouillet, montre en main, se livrait au repos à neuf heures *moins cinq minutes*. Le sommeil de la semaine était ainsi *rattrapé*.

Toute cette période, comme on le voit, est singulièrement mouvementée. Les besoins sont grands, les œuvres commandent, la foi transporte les montagnes. Ainsi en fut-il jusqu'au jour où, plein de ses œuvres, Lunéville le vit partir pour la capitale de la Lorraine. Du moins ne le perdit-elle pas tout entier. Pour en garder le souvenir et lui témoigner sa reconnaissance, la Ville se hâta de graver son nom à l'angle d'une de ses rues.

La nomination de l'abbé Trouillet à Saint-Epvre était providentielle. Une église y était commencée, par le prédécesseur, mais déjà les fondations avaient épuisé les ressources. Le curé de Saint-Maur était bien l'homme de cette situation désespérée. Il arriva donc à point et aussitôt l'on vit comme par enchantement, les murs sortir de terre et s'élancer vers le ciel.

Ceux qui ont assisté à ce gros œuvre, depuis le commencement jusqu'à la fin, savent combien de métamorphoses se sont opérées. Le vieux Saint-Epvre était une église de campagne, chargée d'années, assise dans un ramassis de ruelles et de maisons aussi malpropres au physique qu'au moral. Le diable y avait son quartier ; il y régnait par les dépravations de la chair. Il dut battre en retraite et céder le pas devant le nouveau temple élevé en l'honneur de Celui qui tue la chair par sa grâce et ses sacrements. Aujourd'hui tout est déblayé, balayé, livré à la pleine lumière du soleil.

Saint-Epvre, achevé avec l'appui de la Cour d'Autriche, a laissé debout celui qui pour le construire, avait épuisé plusieurs couples de millions. Mgr Trouillet, aussi plein d'ardeur qu'aux premiers jours, a porté ses regards vers d'autres besoins et sur d'autres ruines. Beaucoup d'églises du diocèse ne sont pas étrangères à ses dons. En Lorraine, en France même et jusqu'en Amérique, que de prêtres ont eu recours à son inépuisable charité ! La Trappe des Dombes lui doit d'étonnantes munificences, et combien d'autres monuments, d'autres œuvres, d'autres familles ont tourné leurs regards vers le curé de Saint-Epvre ! Les lettres de sollicitation qui lui arrivent tous les jours ne se comptent pas. C'est par milliers qu'elles ont disparu, livrant au feu des secrets connus de Dieu seul, destinés à reparaître au jour des récompenses éternelles.

En 1879, mourait à Nancy un prêtre excellent, M. l'abbé Noël, qui, lui aussi, avait bâti une église et fondé la paroisse de Saint-Léon. Il emportait avec lui l'affection de tous, et laissait sur la paroisse de Saint-Mansuy des fondations nouvelles qu'il avait commencées. Le curé de Saint-Epvre prit aussitôt cette succession, et dans l'espace de deux ans, l'église de Saint-Mansuy s'élevait avec sa tour romane, rendant témoignage à l'homme extraordinaire que Nancy possédait dans ses murs. Ce durant, la Chartreuse historique de Bosserville était réparée à grands frais, l'église Saint-Nicolas rajeunie, les Frères des Ecoles chrétiennes logés avec leurs élèves, l'Imprimerie Saint-Epvre livrée en exploitation, le couvent et la belle chapelle des Oblats achetés, puis offerts à Mgr Turinaz pour recevoir, sous le nom de Prêtres Auxiliaires, une société libre de Missionnaires diocésains.

Enfin venait l'église Saint-Pierre. La paroisse de ce nom ne possédait en propre aucune église pour les cérémonies du culte. Elle usait de la chapelle du Grand-Séminaire, située sur son territoire. Mais la chapelle était insuffisante. Son vénérable curé, M. l'abbé Heymès, se mit résolument à l'œuvre. Il jeta, lui aussi, les bases d'un grand édifice, mais les dépenses dépassèrent bientôt les dons de la charité. Mgr Trouillet, ici comme ailleurs, était l'homme de la Providence, pour continuer l'œuvre depuis longtemps abandonnée. Grâce à sa puissance qui ne sait pas reculer, Saint-Pierre est aujourd'hui debout, au milieu de vastes échafaudages, dépassant les toits de la ville de sa nef monumentale, enguirlandée de ciselures, hérissée de pierres et de clochetons, digne rivale de la Basilique Saint-Epvre.

On pourrait croire que cette fécondité étonnante est destinée à s'épuiser à la gloire de Celui qui tient les clefs du Paradis. Il n'en est rien. Saint-Pierre est déjà remorqué par Saint-Livier, qui, à son tour, met des ouvriers en campagne pour commencer une nouvelle église, destinée à devenir, sous son vocable, un lieu de pèlerinage pour la Lorraine. Saint-Livier, honoré à Vic et annexé depuis 1871, redeviendra français, par la grâce de Mgr Trouillet. Il sera la gloire de Saint-Max et le bienfaiteur du pays. Son église est commencée au Pont-d'Essey. Avant deux ans d'ici elle sera finie. Le curé de Saint-Epvre aura conquis un nouveau fleuron à sa couronne, et la région de l'Est un protecteur de plus.

L'avenir est inconnu. Le thaumaturge de tant d'œuvres, ne sera pas à bout de merveilles. Il porte avec
vaillance le poids des ans et n'a rien perdu de son activité. Après cinquante ans de travaux, supérieurs à ceux
des ouvriers du moyen-âge, il a célébré ses *Noces d'Or*,
et chanté d'une voix virile et pleine, le demi-siècle écoulé
sur ses robustes épaules d'apôtre et de prêtre. La cérémonie a été splendide, comme elle devait l'être ; nous
voulons la raconter, comme une date mémorable de l'histoire de notre pays.

II

LE TRIDUUM

Monsieur le Curé,

« La fête de mes Noces d'Or ne serait pas complète si mes souvenirs de Lunéville n'y occupaient une place réservée. En ce moment solennel, je ne puis oublier cette excellente paroisse de Saint-Maur où tant d'années de ma vie sacerdotale se sont écoulées. C'est là que j'ai noué ces bonnes et précieuses relations qui n'ont cessé de m'encourager et de me soutenir dans les œuvres que j'ai entreprises. C'est là aussi qu'il m'a été donné, en bâtissant Saint-Maur, d'acquérir une expérience sans laquelle le courage m'eut manqué pour entreprendre le gros œuvre de Saint-Epvre et de Saint-Pierre.

Je suis heureux, Monsieur le Curé, de saisir l'occasion qui m'est donnée de rendre cette justice à ceux qui furent autrefois mes bien-aimés paroissiens, et de les

inviter à prendre part, selon leurs loisirs, à la célébration de mon Jubilé sacerdotal qui aura lieu le 11 décembre prochain. Leur place est à l'église comme elle est
demeurée dans mon cœur, et leur présence, en permet-
tant au vieux prêtre de voir, dans un seul tableau, le
passé et le présent réunis, ajoutera une grande joie
de plus à mes consolations.

Vous savez, Monsieur le curé, tout le bonheur que
j'éprouve, lorsque j'apprends de votre bouche que la
paroisse de Saint-Maur est toujours demeurée fidèle à
Dieu. Sa persévérance dans la foi et les pratiques religieuses est une de mes plus douces pensées. Au jour où
Dieu me demandera compte de mon sacerdoce, elle sera
mon avocate auprès du Souverain Juge.

Je bénis tous ces bons chrétiens du fond du cœur, en
leur demandant de prier pour moi comme je prierai pour
eux. »

J. Trouillet.

Telle était la convocation faite à ses anciennes ouail-
les de Saint-Maur, par Mgr Trouillet, huit jours avant
la célébration de ses Noces d'Or. Une autre lettre iden-
tique avait été adressée à Monsieur le curé de Saint-
Jacques, et cet appel touchant ne pouvait manquer d'être
entendu. Lunéville est plein du souvenir de Mgr Trouillet. Il devait figurer dans ce jour de triomphe.

LE 8 DÉCEMBRE.

A vrai dire, la cérémonie a duré pendant quatre jours. Un *Triduum* l'a précédée et déjà, par le mouvement de la piété publique, la grande fête du 11 était commencée. La journée du samedi avait vu s'augmenter les visiteurs de la Basilique. Saint-Epvre, si magnifique, se parait de nouveaux atours. Saint-Epvre était une fille reconnaissante qui prenait des vêtements de fête pour célébrer, avec toute sa gloire, les Noces d'Or de son vénérable père. Ses colonnes se reliaient par des tentures enguirlandées de rouge et d'or, fleurs de pourpre, dentelles rayonnantes de couleurs au milieu d'une forêt de marbre, de chêne et de pierre ! Quatorze grands écussons étaient appendus au chapiteau des colonnettes. Ils portaient des inscriptions variées. C'étaient les noms des grandes œuvres de Monseigneur Trouillet qui formaient autour du monument un cortège de gloire et d'honneur. C'était aussi la table de l'histoire que la postérité écrira : *Eglise Saint-Maur ; Basilique Saint-Epvre ; Eglise Saint-Nicolas ; Eglise Saint-Mansuy ; Eglise Saint-Pierre ; Séminaire de Pont-à-Mousson ; Achèvement et restauration de chapelles et d'églises dans toute la France ; Ordres religieux ; Œuvre des artistes religieux dans le Diocèse ; Œuvre des pauvres ; Eglise de Lixheim et école des sœurs ; Institution du Bienheureux Père Fourier à Lunéville ; Ecoles chrétiennes des Frères.* Le dernier écusson était surtout éloquent. On y lisait : *Les œuvres inconnues*. Et dans ces trois mots se révélaient des milliers d'âmes consolées.

Le soir, à 8 heures, s'ouvrait le *Triduum*. Le prédicateur était Monseigneur Jeannin. Ceux qui connaissent le Prélat franc-comtois savent de quels élans de cœur et de piété se compose son éloquence. Monseigneur Jeannin n'était plus un étranger pour Nancy. Au cours de l'été dernier, il avait prêché, avec le plus beau succès, l'octave de la Fête patronale de Saint-Epvre. En sorte que son retour dans notre ville était une heureuse nouvelle. On savait que Mgr Jeannin est, lui aussi, un homme d'*Œuvres*, et nul ne pouvait mieux interpréter l'existence du vénérable curé de Saint-Epvre, ni définir les grandeurs et les bienfaits de la vie sacerdotale. Il s'est acquitté de sa mission à la grande satisfaction de tous.

« Votre vénéré pasteur, a-t-il dit avec émotion, m'a « demandé de partager avec vous la joie de ses Noces « d'Or. J'ai écouté la voix du vieillard et me voici. » Puis élargissant tout à coup l'horizon de sa parole, il a dessiné les lignes de son beau sujet. *Jeunesse* du prêtre, *apostolat* du prêtre, *vieillesse* du prêtre, divisions des trois discours qui ont été remplis de considérations aussi heureuses qu'émouvantes. Le berceau de l'enfant prédestiné est un objet de contemplation pour les anges. Sa jeunesse est protégée des douces tendresses et des attentions du Dieu qui veille sur lui.

L'auditoire était empressé, ému et profondément recueilli ; la Basilique était remplie.

LE 9 DÉCEMBRE.

Le lendemain, dimanche, affluence encore plus consi-
dérable de visiteurs. Par une attention délicate de Mgr
Trouillet à l'égard de ses paroissiens, une table chargée
de fleurs, de tableaux, de candélabres, d'étoles étoilées,
de burettes incrustées, de calices d'or avait été placée au
milieu du chœur. C'étaient les offrandes venues de Nancy
et de Lunéville. Les grandes bourses avaient fait leurs
dons particuliers, les petites s'étaient cotisées par le moyen
des souscriptions. Plusieurs listes avaient circulé et la
reconnaissance de beaucoup s'était ainsi affirmée par de
magnifiques présents. D'autres villes et d'autres popula-
tions ne s'étaient pas moins bien préparées. Il serait
trop long d'énumérer les attentions délicates, les gracieux présents, les surprises les plus étonnantes, venues
des contrées les plus éloignées de l'Europe. L'Autriche,
la Bohême, la Hongrie, la Belgique, la Hollande en-
voyaient leurs souvenirs. L'Afrique elle-même prenait part
à ces fêtes. Staouëli payait son tribu de reconnaissance.
Les objets les premiers arrivés étaient là, exposés aux
regards, et durant toute la soirée, la file des visiteurs
n'a pas été interrompue.

Pour recevoir ces témoignages touchants de l'affection
publique, Mgr Trouillet avait fait préparer à la sacristie
une petite armoire artistique, sorte de tabernacle taillé

dans le chêne et l'acier. Sept médaillons en décorent la façade portant des inscriptions et des armoiries. On y lit à la pointe supérieure :

NOCES D'OR

DE MONSEIGNEUR TROUILLET

11 décembre 1883

Sur les deux côtés élargis, deux autres médaillons portent l'inscription :

NAISSANCE	PRÊTRISE
1809.	*1833.*

Suivent les quatre inscriptions armoriées :

LIXHEIM, LUNÉVILLE, NANCY, VIENNE.

C'est là, dans ce coffret, que va être définitivement placé le petit trésor des Noces d'Or. Il y demeurera comme le mémorial d'un grand jour et le testament d'une belle vie.

Pendant que la Basilique ne désemplissait pas, une touchante réunion avait lieu à la petite sacristie. Une délégation de boulangers de la paroisse était réunie. Ils étaient venus trouver Mgr Trouillet pour l'avertir qu'un pain béni artistique serait donné par eux pour le remercier des bons de pain qu'il distribue aux pauvres tous les dimanches. Le chiffre de ces bons monte à vingt-cinq

mille francs par an. Le pain béni était déjà en préparation et quelques milliers de ciselures de froment s'élevaient
comme une flèche gothique, flanquée de gâteaux, de
tourelles élégantes, de clochetons merveilleux. Jamais
pain béni ne fut plus beau ni plus éloquent. Il symbolisait
l'aumône du pauvre, et la reconnaissance de la charité.
Cette fragile et éphémère *tour de David* parut triompha-
lement dans la grande fête du 11, dont elle fut un des
ornements.

A huit heures, comme le jour précédent, eut lieu la
bénédiction du *Triduum*. Au milieu de la brillante im-
provisation de Mgr Jeannin, il y eut un fort beau passage
que je saisis au vol. Parlant des armes du prêtre qui sont
le crucifix, le bréviaire et le calice, le prélat définit le
bréviaire par le mouvement d'éloquence qui suit : « Si
« vous vous imaginez que le bréviaire du prêtre est un
« fardeau qu'il porte, une obligation qu'il subit, un de-
« voir dont l'obligation lui coûte, vous êtes dans une
« profonde erreur. Le bréviaire est une chose sublime,
« inséparable de la vie sacerdotale. C'est l'âme de l'Eglise
« qui palpite à travers les âges. C'est le cœur des vierges,
« la voix des Pontifes, le sang des martyrs, l'enseigne-
« ment des docteurs ; c'est Jeanne de Chantal qui s'ar-
« rache aux bras de ses enfants pour courir à Dieu ;
« c'est François de Sales qui chante l'hymne d'un amour
« plein de suavité ; c'est François-Xavier qui brûle d'un
« feu dévorant et se précipite à la conquête des âmes
« jusqu'au fond des Indes ; c'est François d'Assise qui

« dompte les éléments et parle à la nature un langage
« divin et transfiguré. Le bréviaire, c'est l'âme des héros
« et la voix des saints, c'est la gloire, la force, la con-
« solation ; le bréviaire, c'est la vie de Dieu dans la vie
« du prêtre, au pied de la Croix de Jésus-Christ. »

LE 10 DÉCEMBRE.

Dès le grand matin, le socle destiné à la statue de
René II à été mis à découvert. On sait que sur la place
Saint-Epvre, en face de son escalier monumental et des
quatre allégories dorées qui représentent les Evangélistes,
se trouvait une fontaine inachevée. La fontaine, autrefois
surmontée d'une statuette de l'illustre guerrier qui a dé-
livré Nancy et la France des mains de Charles-le-Té-
méraire, avait subi depuis deux mois une entière méta-
morphose. Trop exigu pour la mémoire d'un bienfaiteur
et d'un héros, Réné (*le petit*) était descendu de son
piédestal, pour céder le pas à une œuvre plus considé-
rable dont Mgr Trouillet avait voulu doter la ville.

Or, deux jours avant le 11 Décembre, la statue
équestre n'était point encore arrivée. L'anxiété régnait
au milieu du public. L'artiste Schiff, qui avait modelé
avec un très beau talent les traits du libérateur, se trouvait impuissant à en hâter le coulage. Mais dans la journée du dimanche, la Compagnie des chemins de fer

avisa que la statue tant désirée était expédiée en grande vitesse de la maison Daubrée à Paris.

René II serait donc de la fête. La journée du 10 fut entièrement consacrée à le hisser sur son nouveau socle, et, le lendemain, il apparut aux yeux de tous, fièrement assis sur son cheval de bataille, la tête renversée, le bras en l'air, l'épée flamboyante. Le héros était sorti vivant des ombres du passé pour saluer de la main, au nom des vieux Ducs, le magnifique cortège des Noces d'Or de Mgr Trouillet.

A une heure précise, l'arrivée de l'archevêque de Besançon était signalée. Au moment où le train s'arrêtait en gare, les cloches de Saint-Léon donnaient le signal. Aussitôt d'autres voix répondirent, et, d'église en église, de beffroi en beffroi, les quarante cloches de Nancy prirent leurs joyeuses volées. Concert magnifique, plein des émotions de la foi, qui annonçait la venue du Métropolitain de Besançon et préludait à la grande solennité du lendemain.

Mgr Foulon, reçu par son distingué successeur au débarcadère du train, se rendit à l'évêché où l'attendaient d'autres Pontifes, les RR. PP. Abbés mitrés d'Aiguebelle et de la Trappe des Dombes, des vicaires généraux et un nombreux clergé. Trois autres Prélats étaient attendus. Celui de St-Dié était souffrant. Ceux de Metz et de Strasbourg avaient exprimé leurs regrets d'être empêchés.

Cependant, le temps était gris, le ciel chargé de neige

et la température extraordinairement baissée. Le soir arriva bientôt avec la nuit, et à 8 heures, comme les jours précédents, Mgr Jeannin remontait en chaire pour commenter devant son nombreux auditoire, la troisième partie de son plan : *La vieillesse du prêtre.*

Le prêtre, arrivé au déclin de sa vie, se recueille dans la méditation de ce qu'il a fait pour Dieu. Il repasse en sa mémoire chacune des étapes de sa carrière, demande pardon à Dieu de ses fautes, des vanités qu'il a pu avoir, des négligences qu'il a pu commettre, puis le cœur plein d'actions de grâce, de confusion et de reconnaissance, l'âme pleine d'espérance en la bonté du Dieu qui l'a choisi pour son ministre, il se retourne vers le ciel où déjà la porte s'entr'ouvre pour laisser voir les bras de Jésus, le Prêtre Eternel, tendus vers lui pour l'éternité.

Spectacle magnifique, digne des contemplations de la terre !

Le *Triduum* était clos. Le jour des Noces d'or n'avait plus qu'à paraître à l'horizon.

Je dois en terminant cette première partie du programme, signaler une attention touchante de Mgr Turinaz. L'évêque de Nancy, si sympathique, si distingué dans sa personne et dans ses œuvres, avait bien voulu s'occuper lui-même de l'ordre de la cérémonie. Pendant les préparatifs qui étaient faits, Sa Grandeur était venue jusqu'à St-Epvre. Elle s'était enquise des moindres détails, des moindres particularités, guidant de ses excellents conseils l'ordonnance de la solennité. Mgr Turinaz désirait ne le céder à personne en dévouement sous tous les rapports, et prendre sa grande et légitime part à une fête qui attirait tant d'honneur et d'éclat sur son vaste et beau Diocèse.

III

LES NOCES D'OR

A six heures du matin, la Messe « dite des pauvres » était célébrée, et une distribution extraordinaire
de pain était faite. *L'œuvre des Pauvres* est une des
plus belles œuvres du vénérable curé de Saint-Epvre.
Tous les dimanches, hiver comme été, une messe est
dite à l'église des Cordeliers, en présence de deux mille
pauvres de tous les quartiers de Nancy. Il en vient
même de Toul et des environs pour recevoir le bon de
pain distribué à la sortie de la Messe. Durant cet office,
la prière du matin est récitée à haute voix. De plus, un
chef de chant donne le ton de quelque cantique, et deux
mille voix s'élèvent, redisant les louanges du Dieu souffrant et humilié. Voix de la misère, voix des profondeurs sociales, voix de toutes les épreuves et de toutes
les pauvretés, se rencontrant au pied de l'autel. Puis vient
le sermon où les devoirs de la vie chrétienne sont rap-

pelés. Et ces fronts labourés par le travail écoutent, et ces bouches où la dégradation a passé, s'ouvrent pour prononcer le nom de Dieu. La prière, les chants de la liturgie, la parole évangélique, tout leur rappelle les grandes vérités d'une autre vie, tout les soutient dans les épreuves de leur existence, tout rallume en eux le flambeau divin.

Quand la messe est finie, deux sentinelles se tiennent à la porte de sortie. De leurs mains pleines s'échappent des bons de pain qui sont recueillis par d'autres mains. Les bons sont peut-être la première convoitise de ces milliers de pauvres. Ils les reçoivent de la générosité de Mᵍʳ Trouillet ; mais à la condition qu'ils passeront dans la maison de Dieu pour les mériter. De cette façon le pain matériel fait revivre le pain spirituel, et les besoins du corps ne sont reconnus que lorsque l'âme a consenti à la charité les biens éternels. Double aumône qui suffit à l'humanité ici-bas : *Panem quotidianum da nobis hodie !*

Or, la fête du 11 décembre s'ouvrit par la part des indigents. Elle fut matinale et plus grande que de coutume. Les pauvres étaient les premiers servis. Le dimanche précédent ils avaient eu un prédicateur extraordinaire : Mᵍʳ Jeannin avait fait le sermon.

Cette touchante attention du curé de Saint-Epvre renferme, en deux mots, l'histoire de toute sa vie, écoulée entre le riche qui donne et le pauvre qui demande. Quand Mᵍʳ Trouillet mourra, la main de l'histoire gravera sur sa tombe : Ici repose un grand médiateur entre l'opulence et la misère. Et plus bas : Il bâtit des palais à Jésus-Christ et soulagea ses membres, avec l'argent que, pauvre, il demanda lui-même, au prix de bien des humiliations.

Par un contraste frappant, et dont le symbolisme résume la carrière du Prélat, l'Œuvre des Pauvres s'effectue au milieu des grands tombeaux et dans la vieille église des ducs de Lorraine.

Tandis que les conviés de l'église des Cordeliers recevaient le pain du corps, un nombre plus grand encore de chrétiens se pressait pour recevoir le pain de l'âme. La Basilique Saint-Epvre était comble. La messe de communion générale avait lieu à six heures et demie. Dans cette circonstance solennelle, les fidèles avaient tenu à montrer le lien étroit qui les unit à leur pasteur. Ils recevaient la communion pour participer aux grâces d'un tel jour. Spectacle émouvant où Mgr Trouillet distribuait de sa main « le pain qui fait les forts, les doux, les continents. » La messe terminée, le Prélat donnait la bénédiction apostolique, en vertu d'un bref spécial de S. S. Léon XIII.

La matinée était sombre. La neige tombait par giboulées. Néanmoins un grand mouvement s'accentuait dans toute la ville. Chaque train amenait de nouvelles recrues. Les contours de la Basilique, les grandes places de Nancy étaient sillonnées par les prêtres. Il en venait de la Suisse, de l'Alsace-Lorraine, de la Meuse, de la Meurthe et des Vosges. Il en arrivait de Paris.

Deux cent cinquante ecclésiastiques étaient attendus et d'heure en heure, ils affluaient pour honorer leur ancêtre lorrain, le grand templier de l'Eglise catholique.

Lorsque le cadran de l'église eut sonné 9 heures, les portes du presbytère s'ouvrirent. Une longue procession de visiteurs commença. Ils venaient offrir leurs félicitations au vieillard et le nombre et la qualité des personnes les rendaient les interprètes de l'opinion publique. Malgré les fatigues des jours précédents, où les confessions ne discontinuaient pas, Mgr Trouillet reçut tout le monde, avec cette cordialité simple, cette familiarité aisée, ce rire excellent qui est un des traits de sa physionomie. L'émotion gagnait son cœur affectueux où débordait la reconnaissance.

Mais le temps presse, les minutes sont comptées et déjà Saint-Epvre est littéralement envahi par le public muni de cartes. De tous côtés affluent les voitures et les grands attelages.

Quatre commissaires ont été nommés par Mgr Trouillet pour maintenir l'ordre et les dispositions de la cérémonie. Ce sont MM. Quintard, membre du Conseil de fabrique, Menjaud, chef de bataillon, Cuny, architecte de Saint-Livier et Baudot, notaire. Ils se tiennent dans la grande allée. La circulation est calme, les placements réguliers, les passages soigneusement conservés. Me sera-t-il permis d'exprimer un regret ? Beaucoup d'ecclésiastiques ont dû céder le pas à la foule. Leur placement avait été impossible et plusieurs curés attardés tenaient le second rang, au lieu de faire couronne autour de celui que tant de couronnes pouvaient environner. Cependant le public est grave et recueilli. On sent que quelque chose de grand va se passer.

Déjà les municipalités de Nancy et de Lunéville qui, pour tant de raisons, ont tenu à prendre part à la solennité sont aux avant-postes. Nous y voyons successivement arriver M. Volland et ses adjoints, les représentants de la préfecture et tout à côté, les braves généraux Hanrion, Quénot et de Vercly. Derrière eux, éparpillés dans la multitude, se tiennent debout quantité d'officiers supérieurs. Puis viennent les délégations de Pont-à-Mousson, de Lunéville, de la Malgrange, de Nancy. Chacun de ces établissements représente un témoignage de reconnaissance, le souvenir de fondations et de bienfaits particuliers tombés de la main du vénérable curé de Saint-Epvre.

L'orchestre du maître de chapelle, composé de 200 exécutants, se range derrière l'autel. Sous la direction de M. A. Hellé, il se tient prêt.

Du côté de la grande tribune, le spectacle est non moins animé. Les ouvriers de l'Imprimerie Saint-Epvre, unis à ceux des ateliers de M. Klem, l'éminent artiste sur bois, qui a ciselé les dentelles de chêne de la Basilique, se groupent derrière la balustrade des orgues. Tout à l'heure cent voix d'hommes chanteront à l'unisson le *Credo* de Dumont et ce chant sera d'une incomparable majesté.

3

A ce moment, Saint-Epvre, rempli de cinq mille assistants de toutes les classes, orné de banderolles, illuminé de vingt gerbes de feu qui se détachent harmonieusement des colonnes et mêlent les jeux de la lumière aux couleurs variées des vitraux, offre un ravissant spectacle. Saint-Epvre n'attend plus que l'arrivée du cortège et le cortège avance comme une magnifique procession triomphale.

Au dedans, l'orgue l'annonce ; au dehors, la grande voix joyeuse des cloches et du bourdon. Il quitte la cure, traverse la place Saint-Epvre, passe au pied de la statue de René II, gravit les marches et fait son entrée sous le baldaquin rouge qui décore le grand portail.

Des tribunes, le spectacle est incomparable. Mgr Trouillet marche en tête. Un groupe de dix prêtres apparaît, puis une mître rouge : C'est le R. P. Abbé d'Aiguebelle. Un second groupe se déroule, c'est la chapelle des RR. P. Abbés de la Trappe des Dombes. Un troisième succède ; voici venir les Pontifes. D'abord, Mgr Sourrieu, évêque de Châlons, puis de nouveaux groupes et de nouvelles mîtres. Mgr Hacquard, évêque de Verdun, Mgr Lachat, évêque de Bâle, Mgr Turinaz, évêque de Nancy, Mgr Foulon, archevêque de Besançon, puis, à travers cette pompe, Messeigneurs Jeannin et Régnier, en camail violet. Mgr Trouillet est déjà au pied de l'autel, que le métropolitain de Besançon touche encore au péristyle du temple, en sorte que le splendide cortège occupe toute l'étendue de la grande allée.

Les mains bénissent, le chœur s'emplit. Chanoines, vicaires généraux, prélats romains, pontifes, tous arrivent à leurs sièges. Le milieu du chœur est orné par une double couronne d'enfants vêtus de rouge, de blanc et de bleu.

Mgr Trouillet, est à genoux au pied de l'autel. D'une voix puissante mais à la fois profondément émue, il entonne le chant du *Veni Creator*, qui est entendu de tous. Un frémissement d'émotion parcourt la multitude, les larmes coulent de bien des yeux. Après cinquante ans d'une vie extraordinaire, dont chaque étape est marquée par des merveilles, le vénéré prêtre, unique dans l'histoire, comme bâtisseur d'Églises, recommence un demi-siècle nouveau avec la même ardeur, la même jeunesse, qu'au jour où il célébra son premier sacrifice.

Sous les dalles de cet autel où il va monter, sa tombe est peut-être préparée, mais derrière lui, sur chacune des colonnes de la Basilique qu'il a élevée de ses mains, sont appliqués quatorze écussons qui renferment en lettres d'or sa survivance et son immortalité : *Lapides clamabunt !* Les pierres chantent sa louange. Elles la chanteront toujours et quand l'homme vieillira, ses œuvres le rajeuniront éternellement.

La messe commence. Le *Kyrie*, dans la liturgie catholique, est le cri de la prière : prière poignante : « *Pitié, Seigneur !* » prière si désolée, que le sentiment de notre misère nous arrache trois fois la triple invocation : « *Pitié, Seigneur !* » Aussi, après les sourdes palpita-

tions des instruments à cordes, s'élève un unisson sac-
cadé, une mélodie qui semble trembler d'effroi comme
le pécheur en présence de Dieu. Une montée des
basses accroît l'émotion et la dominante en reçoit le
contre-coup dans un grand effort de violons. Un nouveau
frémissement se fait entendre ; puis les accords deviennent
déchirants. Du fond de sa misère le pécheur parle à son
Dieu. L'introduction est finie.

C'est l'homme qui, de sa voix grave, pousse le premier gémissement : « *Seigneur, Pitié !* » — « *Seigneur !*
reprennent sopranos et altos ; « *Seigneur !* » reprennent
ténors et basses, « *Kyrie !* » Ils ne savent d'abord que ce
cri, ils le redisent sans cesse. La crainte aussi n'a qu'un
mot. Elle le dit toujours, sans se répéter jamais.

Puis les sopranos exposent le motif du *Kyrie*, accom-
pagné par le chœur en contre-point fleuri. C'est la pré-
sentation de la requête. A peine est-elle finie que parties
vocales, orchestre, tout se réunit pour un grand effort.
Les dissonances et les effets pathétiques se succèdent,
puis pour achever d'attendrir la miséricorde de Dieu,
s'élève, dans une vocalise aérienne, un joli chœur de
voix de femmes et d'enfants.

La confiance renaît. Le *Kyrie eleison* est plus hardi. Il
tressaille au-dessus des ténors, éveille un puissant écho
dans le chœur. La basse le redit en solo, puis les
sopranos, puis les altos, tous veulent implorer le Christ,
et le chœur, dans une finale émouvante, chante à l'u-
nisson : « *Seigneur ! Seigneur ! ayez pitié de nous !* »

Alors Mgr Trouillet entonne le *Gloria*. Sa voix connue sépare le cri de la prière du chant de triomphe qui va acclamer la reconnaissance à Dieu de ses merveilleux cinquante ans. Tous les instruments sont en branle. Le chœur répond par une entrée triomphale. Rythme large, grandes notes, accords puissants, tout saisit, tout entraîne, tout élève l'âme, tout la ravit dans la contemplation de la gloire divine. *Gloria !* Un mouvement de repos, rempli par un gracieux dessin de cor, et le même cri se répète en *crescendo*. Puis, tandis que la basse, à pas lourds et pleins de majesté, suit une progression descendante, le chant sur les ailes des ténors, monte, monte toujours dans les *hauteurs, in excelsis* « *Gloria ! Gloria !*

Tout à coup le chant s'arrête. L'âme demeure éperdue et sans voix, en face de Dieu dans sa gloire. L'orchestre a des mouvements troublés et saccadés. Puis, après un point d'orgue, l'âme se retrouve et achève sur un accord splendide la phrase interrompue : *in excelsis Deo !*

Rien de plus calme et de plus gracieux que le *Pax hominibus bonæ voluntatis*. Ce sont des voix de sopranos, un petit chœur murmurant dans les cieux. Le hautbois, la flûte, ces instruments pacifiques et champêtres y entremêlent leurs roulades étincelantes.

Mais déjà l'harmonie change de tournure, l'accompagnement grandit, le son de la trompette se fait entendre pour célébrer la gloire de Dieu. « *Nous vous louons* », s'écrie le peuple ; la trompette continue, et le peuple une seconde fois redit : « *Nous vous bénissons* ». Effrayée aussitôt d'avoir parlé si haut, la foule tombe à genoux et chante doucement d'un ton pénétré : « *Nous vous adorons.* » Le mouvement se relève et le *Glorificamus*, à travers une gerbe de vibrations mélodiques, regagne les hautes voûtes de la Basilique pour remonter vers les cieux.

A l'étonnement où plonge la gloire de Dieu, succède le chant de la reconnaissance. Le signal est donné par une brillante introduction de trombone. « *Nous vous rendons grâce* », dit le ténor, et derrière cet appel reconnaissant, l'unisson reparaît pour combler, avec les élans les plus passionnés, l'immensité du ciel. La mélodie roule, se groupe et s'éparpille tour à tour et vient mourir sur le solo de basse qui entonne le *Qui Tollis*.

Entre la basse et les parties supérieures, l'accompagnement procède par syncopes entrecoupées. Il indique l'attente anxieuse de la foule. Puis une voix s'élève. Elle est grave, majestueuse, suppliante comme celle du Pontife. Elle dit : « *Vous qui effacez les péchés du monde,* » et le peuple de murmurer : « *Ayez pitié de nous.* » La voix reprend avec une nouvelle insistance : « *Vous qui effacez les péchés du monde,* » et le peuple l'interrompt quatre fois pour se lamenter en sa misère : « *Ayez pitié de nous : recevez notre prière.* »

Un puissant unisson réunit ensuite les supplications pour les porter aux pieds de *Celui qui est assis à la droite du Père*, et un filé de dix mesures expire lentement avec le soupir de la prière.

Ce repos n'est qu'apparent, car voici venir une fugue qui monte et se déroule. Les basses commencent et les ténors répondent. Les altos reprennent le chant des ténors et des basses, pendant que les sopranos, saisis à leur tour, marchent en dernier écho. Ces reprises meurent et renaissent pour ainsi dire sans fin, jusqu'à ce qu'un solennel accord de voix d'hommes vienne les couvrir. Alors commence la *strette* : elle se fait sur une pédale, qui, immobile témoin de ce mouvement, représente l'éternelle quiétude dans l'éternelle activité.

Un peu avant l'évangile, le pain béni monumental, porté par huit enfants fait son apparition. C'était, comme il est dit plus haut, une flèche à jour des mieux réussies. La main des Pontifes le bénit, et ce durant Mgr Foulon, archevêque de Besançon, se dirige du côté de la chaire. Il y est, crosse en main, mitre en tête.

Je ne suis pas de ceux qui ont eu le bonheur d'entendre entièrement son discours, et beaucoup d'assistants ont partagé tout d'abord mes regrets. La foule était trop nombreuse et les voûtes de la Basilique trop étendues. Mais, grâce à la bienveillance de Son Excellence, Nancy possédera cette magnifique allocution de quarante minutes. C'est un discours antique, plein de comparairaisons heureuses, d'applications bien trouvées, de textes bibliques admirablement appropriés. Le tout dans ce bon et pur langage qui est en renom parmi tous les anciens élèves du petit séminaire de Paris.

Monseigneur s'est exprimé en ces termes :

A Domino factum est istud, et est mirabile in
oculis nostris.   *(Ps. 117, v. 23.)*

« MESSEIGNEURS, (1) MES FRÈRES,

« Cette parole de nos Livres Saints est bien de circons-
« tance au moment où nous venons fêter le cinquantième
« anniversaire d'un sacerdoce qui a été fécond en mer-
« veilles et qui en a toujours rapporté l'honneur à Dieu.

« C'est que tous les biens viennent de Dieu et que
« toutes les grandes œuvres de l'homme l'ont pour prin-
« cipal auteur. Ce qu'il convient d'y admirer, bien au-
« dessus de ce que l'homme y a pu mettre de son activité
« et de son industrie, c'est l'opération de Dieu toujours
« présente pour soutenir et pour vivifier les efforts de sa
« créature : *A Domino factum est istud*, de telle sorte que
« les œuvres les plus dignes de notre admiration sont
« celles qu'il a le plus directement inspirées : *Et est mi-*
« *rabile in oculis nostris.*

« C'est pour rendre gloire à l'œuvre de Dieu se ma-
« nifestant d'une manière remarquable dans les œuvres
« d'un seul homme que vous avez daigné, Messeigneurs,
« accorder à cette fête l'honneur et l'éclat de votre pré-
« sence. Vous y êtes venus avec ce nombreux clergé,
« avec les magistrats de la ville, avec les chefs de notre

(1) NN. SS. Turinaz, évêque de Nancy et de Toul ; Lachat,
évêque de Bâle ; Hacquard, évêque de Verdun, et Sourrieu, évêque
de Châlons.

« chère armée, avec les représentants des pouvoirs pu-
« blics, avec toute cette paroisse pressée dans cette Basi-
« lique, aujourd'hui trop étroite pour la contenir, et qui
« semblent tous redire avec nous : *A Domino factum est*
« *istud, et est mirabile in oculis nostris.*

« Vous avez bien voulu, Monseigneur l'Evèque de
« Nancy, m'inviter à présider cette fête. Laissez-moi
« d'abord vous remercier de cette pensée fraternelle ;
« permettez-moi ensuite de vous confier la joie que
« j'éprouve à me retrouver dans un diocèse qui a eu le
« meilleur de ma vie et qui en restera jusqu'à la fin le
« plus cher souvenir.

« C'est ici, Monseigneur, que j'assistai pendant quinze
« années au développement des merveilles que cette
« solennité vient consacrer : c'est ici que je me suis
« souvent écrié, avant de le répéter devant vous : Oui,
« vraiment, voilà l'œuvre de Dieu : *A Domino factum*
« *est istud.*

« Ne craignons donc plus, cher Monsieur le Curé,
« car j'aime à vous donner ce nom sous lequel vous avez
« fait tant de grandes choses, quoique vous ayez droit à
« un autre titre en vertu de la dignité éminente de la
« prélature que j'ai été si heureux d'obtenir pour vous.
« Ne craignez pas, cher Monsieur le Curé, que je vienne
« faire ici votre panégyrique ; d'ailleurs, vous êtes de
« ceux que leurs œuvres louent d'une manière plus élo-
« quente que les plus beaux discours : *Laudent eum in*
« *portis opera ejus.* N'ayez donc pas peur qu'en célébrant

« vos Noces d'Or je fasse si exclusivement votre part dans
« les merveilles dont vous avez été l'instrument, que j'aie
« l'air d'y oublier celle qui appartient à Dieu : vous se-
« riez le premier à m'en faire le reproche. A la vue de
« tant d'entreprises extraordinaires auxquelles la Provi-
« dence a voulu vous associer et dans l'étonnement pro-
« fond où elles jetaient votre humilité, vous avez été le
« premier à vous écrier : Vraiment, c'est Dieu qui a
« tout fait : *A Domino factum est istud.*

« Toutefois, cher Monsieur le Curé, sans vouloir alar-
« mer votre modestie en disant tout haut, dans cette
« Basilique, votre œuvre principale, ce que cette assem-
« blée se dit en ce moment tout bas, laissez-moi recher-
« cher dans la sainte Ecriture les paroles qui vont si bien
« à la circonstance, encore qu'elles doivent renfermer
« quelques-uns des éloges qui vous conviennent. Car nos
« Saints Livres, tout en mettant Dieu à la première place,
« tout en insistant fréquemment sur cette pensée capitale
« qu'il est l'auteur de tout le bien qui se fait ici-bas con-
« tiennent des louanges bien délicates pour les hommes
« qui ont particulièrement coopéré à ses œuvres. C'est
« surtout dans le livre de l'Ecclésiastique que ces louanges
« sont réunies : « Louons », dit au début l'écrivain
« sacré, « louons ces hommes glorieux qui ont été nos
« pères », c'est-à-dire nos modèles : *Laudemus viros glo-*
« *riosos parentes nostros* (1). « Ces hommes avaient le
« goût des belles choses » : *Pulchritudinis studium ba-*

(1) Eccli. Cap. XLIV et seq.

« *bentes*. « Ils étaient, de plus, des hommes de miséri-
« corde » : *Hi viri misericordiæ sunt*, et « leurs œuvres
« de piété n'ont jamais connu de défaillance » : *Quorum*
« *pietates non defuerunt*, et « le bien qu'ils ont fait subsis-
« tera toujours » : *Cum semine eorum permanent bona*.
« Le livre de l'Ecclésiastique aurait eu en vue celui que
« nous venons fêter, qu'il aurait été impossible de le faire
« mieux reconnaître. Mais si, dans ce passage, il est
« question de gloire et de magnificence, il est à propos
« d'y remarquer l'éloge de la miséricorde : *Hi viri*
« *misericordiæ sunt*.

« Ce serait peu pour votre étonnant Curé d'avoir élevé
« des monuments si magnifiques ; il a fait plus. Tous les
« dimanches et encore ce matin il change ses pierres en
« pain pour tous les pauvres, non-seulement de sa pa-
« roisse, mais de la ville entière : œuvre particulièrement
« extraordinaire même pour celui qui en a fait tant d'au-
« tres, et où il pourrait être accusé de tenter la Provi-
« dence, si la Providence ne paraissait se plaire à être
« tentée par lui.

« Pour expliquer comment peuvent se faire tant de
« choses qui dépassent si fort la commune mesure, le
« livre de l'Ecclésiastique donne pour fondement à cette
« activité féconde le désintéressement personnel : « Il n'a
« pas mis, dit-il, son espoir dans l'argent et dans les
« trésors » : *Non speravit in pecunia et thesauris* ; et cepen-
« dant, ainsi qu'il est dit de Salomon, « il a amassé de
« l'or comme d'autres amassent le cuivre » : *Collegisti au-*

« *rum sicut aurichalcum* ; « il a entassé de l'argent,
« comme d'autres entassent le plomb » : *Complesti ar-*
« *gentum quasi plumbum*. Mais cette abnégation person-
« nelle, je dirai plus, cette volontaire pauvreté étant
« chose fort rare : « Quel est celui, ajoute l'auteur sacré,
« qui a assez de vertus pour ne faire aucun cas des
« richesses, quel est-il pour que nous fassions son
« éloge ? » *Quis est hic et laudabimus eum ;* « oui, vrai-
« ment, celui-là aura fait des merveilles dans sa vie » :
« *Fecit enim mirabilia in vita sua*. Des hommes comme
« ceux-là arrivent à dominer de la hauteur de leur dé-
« sintéressement même les puissances de ce monde :
« *Dominantes in potestatibus*. Ce n'est pas autrement que
« j'explique, cher Monsieur le Curé, la séduction que
« vous avez su exercer sur elles. N'est-ce pas ici le
« lieu de rendre hommage à cette illustre maison de
« Lorraine dont l'auguste chef daigne vous honorer
« depuis longtemps de ses royales sympathies ? Elles
« sont fondées, je le sais, pour l'avoir entendu un jour
« de sa bouche, sur l'estime que vous avez su lui ins-
« pirer, en consentant à rester pauvre au milieu de tant
« de richesses, car vous ne les recueillez qu'afin de
« les répandre. En témoignant dans cette église nos
« sentiments personnels, pour la générosité de la maison
« dont la paroisse Saint-Epvre garde les tombeaux,
« nous ne faisons que remplir un devoir, et notre pa-
« triotisme n'a point à se défendre de l'expression de
« notre reconnaissance.

« Et puisque nous venons de citer le livre de l'Ec-
« clésiastique, entrons avec ce même livre dans le détail
« des éloges qu'il donne à ceux qui ont étonné le peuple
« d'Israël par leurs œuvres. Arrêtons-nous surtout sur
« des hommes qui, comme Zorobabel et Néhémie, au
« lendemain de la captivité, en présence de l'ennemi,
« ayant sous leurs yeux attristés l'humiliation de leur
« patrie, poursuivaient, à travers tous les obstacles,
« dans un temps de guerre et de troubles politiques, des
« travaux d'apaisement et de paix.

« Vous souvient-il, mes Frères, des jours lugubres de
« la guerre et de l'invasion ? Néanmoins s'achevait,
« malgré les tristesses du présent et les sinistres prévi-
« sions de l'avenir, cette Eglise où nous sommes réunis
« et qui, élevant chaque jour une assise de plus dans le
« ciel, semblait y porter du même coup vos indomp-
« tables espérances ? C'est de la même manière, c'est
« dans les mêmes circonstances que les Zorobabel, les
« Néhémie accomplissaient leur œuvre au milieu d'Is-
« raël. Il est dit de l'un des hommes de cette race, de
« Simon fils d'Onias, qu'il « soutenait la maison, raffer-
« missait le temple » : *Suffulsit domum ; corroboravit*
« *templum*, et qu'il eut « assez de puissance pour donner
« à la cité l'ampleur qui lui manquait » : *Prævaluit*
« *ædificare civitatem.*

« Si je me reporte à seize ans en arrière, à l'époque
« où la divine Providence m'appelait au siège de Nancy,
« quelle place réduite occupaient les monuments reli-

« gieux dans cette ville si vantée pour ses autres édifices ?
« Alors Saint-Epvre sortait à peine de terre ; Saint-Mansuy
« n'était pas même en projet ; Saint-Pierre montrait ses
« arceaux ébauchés, jeunes ruines qui ressemblaient
« de loin à ces vieux aqueducs de la campagne Ro-
« maine qui se profilent mélancoliquement sur l'azur du
« ciel. Il est vrai que sur d'autres points de la ville
« deux ouvriers de votre race, Monsieur le Curé, s'es-
« sayaient à vous imiter, quoique par des moyens diffé-
« rents des vôtres ; c'était le curé de Saint-Léon, ce
« prêtre admirable qui sut à la fois construire une église
« et fonder une paroisse ; c'était le curé de Saint-Nico-
« las qui, pendant cinquante années et avec une pa-
« tience digne du succès qu'elle a enfin obtenu, ramassait
« obscurément, pièce par pièce et presque sou par sou,
« l'argent nécessaire à la construction du temple qui était
« depuis si longtemps le rêve de sa vie. Plus loin, le curé
« de Saint-Pierre se recueillait en attendant l'heure que
« la Providence avait marquée et les nouvelles ressources
« qu'elle lui préparait pour l'achèvement de sa chère
« église. Ainsi, dans la même ville, quatre curés se
« préoccupaient en même temps de bâtir ou de recons-
« truire leurs églises, spectacle unique que Nancy a
« donné à la France et dont votre curé devait être le
« plus extraordinaire acteur. Du même coup, il donnait
« à la cité les espaces qui lui manquaient, agrandissant
« la place de cette Basilique, et hier encore y dressant de
« ses mains généreuses la statue de René II, duc de

« Lorraine, un victorieux glorifié par un conquérant !
« *Prævaluit ædificare civitatem..*

« Ce grand effort, Monsieur le Curé, vous l'aviez com-
« mencé à Lunéville, lorsque vous construisiez, dans ce
« faubourg de Villers si déshérité il y a trente ans, et la
« maison de Dieu et les maisons de vos futurs parois-
« siens, vous y ajoutiez des écoles, un collège, un pres-
« bytère, des asiles pour les enfants, des cités pour les
« ouvriers : si bien qu'à cette extrémité de la ville il n'est
« presque pas un coin de terre où vous n'ayez marqué
« votre passage, et que c'est surtout à Lunéville qu'on
« peut dire de vous comme d'Onias : « Voilà un homme
« qui a eu assez de pouvoir pour agrandir une ville » :
« *Prævaluit amplificare civitatem.*

« Et comme si ces grandes entreprises n'eussent pas
« suffi à votre activité, vous étendiez vos bienfaits à tout
« le diocèse. Tantôt par des libéralités presque royales,
« vous rendiez à la Chartreuse de Bosserville son antique
« gloire ; puis au-delà du diocèse vous vous occupiez de
« relever la Trappe des Dombes ; Aiguebelle et Notre-
« Dame-des-Neiges se ressentaient, au fond de leur soli-
« tude, du besoin que vous avez de faire le bien ; pen-
« dant ce temps, vous ne cessiez d'encourager de vos
« dons magnifiques les curés de votre diocèse, j'allais
« dire, de votre métropole, que vous aviez mis en goût
« de construire ou de réparer leurs églises, puisqu'ils
« étaient sûrs de réussir après vous avoir tendu la main.
« Ah ! mes chers Frères, est-ce là seulement l'œuvre d'un

« homme, et ne convient-il pas de répéter : Oui, vraiment,
« voilà l'œuvre de Dieu : *A Domino factum est istud !*

« Mais, mes Frères, à côté de l'action de Dieu si
« manifeste dans les œuvres extérieures dont je viens
« de vous entretenir, il y a une œuvre plus admirable à
« elle seule que toutes les autres, et où l'homme n'a
« rien à revendiquer pour sa gloire personnelle ; une
« œuvre qui ne peut avoir que Dieu seul pour auteur,
« une œuvre qui donne l'explication de toutes les autres,
« une œuvre que nous fêtons aujourd'hui avec une so-
« lennité toute particulière, c'est l'œuvre du sacerdoce,
« c'est cette institution divine qui, se perpétuant à travers
« les siècles jusque dans l'éternité : *Tu es sacerdos in*
« *æternum*, montre directement qu'elle a Dieu pour
« auteur, et par les préparations qu'elle demande, et par
« les pouvoirs ineffables qu'elle confère.

« De cette œuvre là, nous pouvons prononcer à plus
« juste titre encore que des autres : Oui, c'est le Sei-
« gneur qui a tout fait, et cela est admirable : *A Domino*
« *factum est istud, et est mirabile in oculis nostris.*

« Oui, c'est vraiment l'œuvre de Dieu que cette vo-
« cation à l'état ecclésiastique, appel mystérieux qui se
« fait entendre de tant de manières à un cœur que la
« grâce a préparé pour le sacrifice ; oui, c'est vraiment
« l'œuvre de Dieu que cet acheminement à travers tous
« les degrés de la sainte hiérarchie, vers la plénitude de
« l'état sacerdotal. Oui, c'est vraiment l'œuvre de Dieu
« que cette étonnante communication qu'il daigne faire de

« ses dons les plus précieux, du sang même et des mé-
« rites de son divin Fils à un homme hier inconnu et
« perdu dans la foule et qu'il a choisi pour être le dis-
« pensateur de ses mystères : *Dispensatores mysteriorum Dei.*
« Oui, c'est Dieu et Dieu seul qui pouvait faire cette
« merveille : *A Domino factum est istud.*

« Qu'un prêtre ait une seule fois dans sa vie le pou-
« voir de dire la messe, une seule fois le pouvoir de re-
« mettre les péchés, quel mystère et quel prodige ! Mais
« que, pendant toute sa vie, quelque terme éloigné qu'il
« ait plu à Dieu d'assigner à son dernier jour, que pen-
« dant cinquante ans et au-delà, le prêtre puisse étendre
« tous les jours la main sur le pécheur pour lui dire : Je
« t'absous au nom de J.-C. ; que tous les jours il puisse
« monter à l'autel pour y immoler la divine Victime ; que
« son sacerdoce se poursuive à travers les temps dans la
« même fidélité au devoir ; qu'il se retrouve, après un
« demi-siècle, avec le même élan pour le bien, avec la
« même activité pour les œuvres, avec les sentiments
« et les dispositions qu'il avait à l'aurore de son sacer-
« doce, avec la jeunesse sans cesse renouvelée de son
« zèle pour les âmes et de son amour pour Dieu, ah !
« mes Frères, quelle nouvelle occasion de s'écrier : Oui,
« voilà vraiment l'œuvre de Dieu : *A Domino factum est*
« *istud.*

« Nous vous rappelons, Monsieur le Curé, ce jour
« qui date aujourd'hui de cinquante ans, où, prosterné
« sur le pavé du temple et préludant aux redouta-

4

« bles fonctions du sacerdoce, avec la ferveur mais
« aussi avec le secret effroi qu'inspire à l'homme le
« passage des grandes grâces de Dieu, vous vous êtes
« relevé prêtre pour l'Eternité : *Sacerdos in æternum.*
« Vous vous rappelez les jours de votre jeunesse sacer-
« dotale, jours pleins de trouble et de charme, d'ineffa-
« bles consolations et de suaves étonnements. Vous vous
« rappelez cette aube blanchissante de la vie du prêtre,
« qui est comme l'aurore, pleine de gracieux sourires et
« d'aimables espérances : *Quasi aurora consurgens ;* puis
« cet âge mûr, semblable au soleil qui monte au som-
« met du ciel dans l'éclat d'une éblouissante splendeur :
« *Quasi sol ascendens.* Ainsi, vous vous éleviez par de-
« grés, faisant des œuvres de plus en plus éclatantes, et
« glorifiant Dieu sans cesse par le rayonnement d'une
« opération qui ne se reposait jamais. Et ce déclin de
« l'âge qui marque pour tant d'hommes le déclin de
« leurs facultés, pour vous, il n'est pas, il ne sera ja-
« mais la vieillesse. Hier, vous vous plaigniez douce-
« ment à moi de ce qu'on vous ait appelé *vénérable vieil-*
« *lard. Vénérable !* ah certes, je retiens ce mot, mais
« *vieillard,* non, je ne saurais conserver celui-là. Notre
« vie, comme ce soleil qui s'incline doucement vers
« l'horizon, dans l'éclat empourpré d'une splendeur plus
« douce, donne une grâce particulière à la chaude acti-
« vité du midi de vos années, et en même temps elle
« ajoute des mérites de plus à la plénitude des jours de
« votre fécond sacerdoce : *Dies pleni invenientur in eis,*

« elle le fait resplendir et se multiplier dans une vieillesse
« féconde : *Adhuc multiplicabuntur in senecta uberi*.

« C'est qu'il n'en est pas, mes Frères, de la vieillesse
« du prêtre comme de celle des autres hommes. Ailleurs,
« la vieillesse amène la faiblesse, l'impuissance et la sté-
« rilité. Dans toutes les conditions de la vie, dit quelque
« part saint Jean Chrysostôme, la vieillesse ne rend plus
« de services ; mais dans l'Eglise, c'est l'âge où l'on en
« rend le plus : *Senectus quidem in aliis conditionibus inu-*
« *tilis, in Ecclesia autem utilissima*. La vieillesse du sol-
« dat, du laboureur, de l'artisan, qu'est-ce autre chose,
« pour l'ordinaire, qu'une plainte prolongée de n'être
« plus propre aux exercices qui ont fait l'occupation et
« le charme des autres années de la vie, qu'un regret
« douloureux de voir tous les jours diminuer la vigueur
« des membres, qu'une comparaison pénible de soi-même
» avec les plus jeunes qui ont devant eux un long avenir
« d'activité. Il y a plus ; est-ce que la vieillesse ne vient
« pas avant l'âge pour ceux que l'amour du repos pousse
« prématurément à se désintéresser des occupations dont
« ils seraient encore capables ? est-ce que l'impatience
« des jeunes gens n'a pas fait décréter des limites après
« lesquelles il ne reste plus que les loisirs d'une retraite
« imposée par la loi ?

« Mais la vieillesse du prêtre, même la vieillesse in-
« firme, pourvu qu'elle lui ait conservé la tête et le
« cœur, c'est l'âge des sages directions morales, l'âge de
« l'expérience du gouvernement des âmes, cet art des

« arts : *Ars artium regimen animarum*, c'est la plénitude
« de l'exercice du zèle, mais du zèle tempéré par ce je
« ne sais quoi de rassis et de doux que l'âge donne à
« l'action du sacerdoce, c'est l'accroissement de la vie
« surnaturelle, même dans la décadence des forces phy-
« siques, c'est la sagesse sereine et continue, c'est l'acti-
« vité mesurée, mais toujours féconde, c'est l'affermisse-
« ment de la vertu : *Ibunt de virtute in virtutem*, c'est
« l'ascension de plus en plus manifeste vers la perfection
« de l'union à Dieu : *Ascensiones in corde suo disposuit*.

« N'est-ce pas dans une telle vie, Monsieur le Curé,
« qu'il serait à propos de rechercher le secret de vos œu-
« vres ? Ce secret, on se l'est demandé bien des fois :
« ne croyez pas toutefois que j'aie le dessein de le
« découvrir d'une main téméraire. D'ailleurs, je n'aurais
« pas la prétention d'y réussir. Le prophète Isaïe s'é-
« criait un jour : « La gloire des justes a été l'entretien
« de la terre entière : » *A finibus terræ audivimus gloriam*
« *justi* ; mais le juste répond à ceux qui l'interrogent :
« « Mon secret m'appartient ; mon secret m'appartient. *Et*
« *dixit : secretum meum mihi ; secretum meum mihi*. Nous
« respectons donc le vôtre, Monsieur le Curé, mais
« qu'il me soit permis toutefois de soulever un coin du
« voile sous lequel vous abritez tant de grandes choses ;
« laissez-moi remonter jusqu'à l'origine de ces immen-
« ses ressources qui ne tarissent pas plus que le cours
« de ce vieux Nil, lequel promenant depuis des siècles
« la fécondité de ses eaux sur l'Egypte, a dérobé si

« longtemps sa source aux téméraires qui prétendaient
« la surprendre. Ce secret de votre Curé, mes Frères, la
« source principale de tous les bienfaits qu'il a répandus
« partout, je vais vous le dire : C'est sa foi, c'est sa
« confiance inébranlable en Dieu, c'est cette foi qui l'a
« fait triompher de tant de luttes : *Hæc est victoria quæ*
« *vincit mundum, fides nostra.* C'est cette foi qui ne
« s'est jamais rebutée des fatigues et des tribulations,
« lot nécessaire de ceux qui essaient ici-bas de faire
« quelque chose pour Dieu, c'est cette foi qui lui a fait
« accepter d'un air toujours égal, d'un visage toujours
« souriant, quoique son cœur ne fût pas insensible, ou
« l'indifférence de ceux qui ne comprenaient pas son
« œuvre, ou les dédains de ceux qui la discutaient sans
« justice. C'est cette foi qui l'a poussé jusqu'aux extré-
« mités de l'Europe, heurtant de son bâton de voya-
« geur le seuil des chaumières aussi bien que des palais,
« et tendant la main pour Dieu et pour la gloire de son
« culte. Car il a aimé la beauté de la maison de Dieu
« et il a eu dès ses jeunes années la passion de lui éle-
« ver des temples moins indignes de lui : *Domine, dilexi*
« *decorem domus tuæ et locum habitationis tuæ,* et pour
« arriver à ses fins, il n'a pas calculé les périls ou les
« déboires d'une telle entreprise, montrant par son
« exemple qu'après le mérite de donner l'aumône, il n'en
« est pas de plus grand que de la demander. C'est sa
« foi, cette foi qui transporte les montagnes, c'est cette
« foi qui a presque renouvelé sous nos yeux les prodiges

« que l'on raconte de saint Grégoire le thaumaturge. A
« sa voix, les montagnes reculaient pour faire de la place
« aux églises qu'il avait le dessein de construire. Nous
« avons vu, Monsieur le Curé, que ce genre d'obstacle
« n'était pas de nature à vous faire reculer. D'autres servi-
« teurs de Dieu ont la vertu de tarir les fleuves, de changer
« des marais inféconds en fertiles campagnes : c'est bien
« là ce qu'ont fait, grâce à l'or que vous y avez jeté,
« les Trappistes des Dombes, ceux d'Aiguebelle, ceux
« de Notre-Dame des Neiges ; et les Révérends Pères
« Abbés de ces illustres monastères qui sont venus à
« cette fête, me rendront le témoignage que j'ai dit sim-
« plement la vérité.

« Enfin, Monsieur le Curé, c'est cette foi qui crée en ce
« moment même et de nouvelles œuvres et de nouvelles
« ressources. Aujourd'hui Saint-Livier, demain Saint-
« Joseph, plus tard d'autres entreprises encore, car à
« l'exemple de l'apôtre saint Paul, oubliant vos œuvres
« passées : *Quæ retro sunt obliviscens*, ayant toujours
« l'esprit tendu vers les œuvres à venir : *Ad priora ex-*
« *tendens meipsum*, vous poursuivez constamment de
« nouveaux desseins : *Ad destinatum persequor ;* vous as-
« pirez sans cesse à remplir dans toute son étendue la
« vocation exceptionnelle que Dieu vous a faite : *Ad*
« *bravium supernæ vocationis Dei.*

« Il y a seize ans, j'arrivais à peine dans ce diocèse ;
« vous m'aviez invité à présider la fête patronale de
« Saint-Epvre dans l'église des Cordeliers, car votre ba-

« silique ne pouvait pas encore nous recevoir. Je vous
« rappelais un trait qui m'avait grandement frappé dans
« la vie de saint Epvre. Ce grand évêque ayant com-
« mencé à bâtir une église dans un des faubourgs de sa
« ville épiscopale de Toul, Dieu ne lui permit pas d'en
« poser la dernière pierre, mais il le rappela prématuré-
« ment à lui pour lui demander le compte rempli quoi-
« que inachevé de son épiscopat. Vous avez vécu, vous
« disais-je, Monsieur le Curé, vous avez vécu pour voir
« jeter par un autre, les fondations de votre future église
« paroissiale, vous vivrez pour en voir poser le couron-
« nement, que dis-je ? pour en commencer et pour en
« finir d'autres, car vous n'en êtes pas à votre coup
« d'essai et je ne puis me persuader que ce soit
« là votre dernière entreprise. Qui me dit, même
« en ce moment, que bientôt, dans la vieille ville
« épiscopale de Toul, vous n'essaierez pas de glori-
« fier une fois de plus le patron de cette insigne basili-
« que, et Dieu ne permertrait-il pas qu'aujourd'hui
« encore, je fusse prophète comme je l'ai été, il y a
« seize ans ?

« Je ne vous dirai donc pas : Entrez dans votre repos ;
« mais remplissez jusqu'au bout votre vocation : *Ad bra-*
« *vium persequor vocationis meæ.*

« D'ailleurs, les années ont été impuissantes à ébranler
« vos forces : Ainsi qu'il est dit de Moïse, le construc-
« teur du tabernacle, ce temple voyageur qui accompa-
« pagnait les Hébreux dans le désert, leur montrant le

« chemin de la terre promise : Vos yeux ne sont pas
« obscurcis : *Non caligavit oculus ejus ;* c'est-à-dire, vous
« avez la vue nette et claire de tous vos desseins ; vos
« dents n'ont pas été ébranlées : *Nec dentes illius moti*
« *sunt* (1) ; c'est-à-dire, vous avez la même fermeté dans
« vos décisions. Ainsi qu'il est dit d'Aaron, le frère de
« Moïse, le grand prêtre d'Israël, on entend de loin le
« son de votre voix : *Auditum faciens sonitum in templo ;*
« votre démarche même vous annonce dès votre entrée
« dans l'église comme le faisaient les sonnettes d'or de
« robe du grand prêtre qui signalaient au peuple d'Is-
« raël son entrée dans le Saint des Saints, et pour com-
« pléter cet éloge de nos livres saints par un mot de
« saint Jérôme qui les a interprêtés mieux que personne :
« Votre corps est solide et plein de sève » : *Corpus solidum*
« *et succi plenum* ; « l'animation de votre teint contraste
« avec la blancheur de votre chevelure » : *Cani cum ru-*
« *bore discrepant ;* « vos forces donnent un démenti à
« votre âge » : *Vires cum ætate dissentiunt* (2).

« Vivez donc, Monsieur le Curé, vivez encore long-
« temps : *Ad multos annos !* Vivez pour accroître la mission
« bénie de vos œuvres, puisque chacune de vos années,
« c'est vous qui l'avez dit, même du haut de cette chaire,
« doit ajouter des libéralités, pour le moins égales à vos
« munificences passées ; vivez dans l'honneur du sacer-

(1) Deut. XXXIV, 7.
(2) Hieronym., Epist. ad Paulum senem (Migne, patrologie,
tome XXII, p. 343).

« doce fidèle où vous avez persévéré pendant cinquante
« ans ; vivez pour l'édification de votre paroisse qui
« vous vénère et qui vous aime ; vivez pour la gloire de
« ce diocèse où vous aurez passé en faisant tant de
« bien : *Transiit benefaciendo ;* vivez pour tous ceux qui
« vous sont attachés par la reconnaissance que leur ont
« mise au cœur vos bienfaits. Vivez surtout pour Dieu
« comme vous l'avez fait depuis le début de votre vo-
« cation à l'état ecclésiastique : car c'est là la vie véri-
« table, celle qui ne cesse jamais : *Hæc est vita æterna.*
« Et maintenant, remontez à l'autel pour continuer le
« saint sacrifice. Priez, comme il y a cinquante ans, et
« avec la même ferveur, le Dieu qui a réjoui votre jeu-
« nesse, d'accorder aux jours que vous aurez encore à
« vivre — et nous espérons que ces jours seront encore
« longs, — les joies ineffables qu'il accorde dans cette vie
« aux prêtres fidèles et, après avoir travaillé sur la terre à
« édifier à Dieu des temples si magnifiques, vous serez
« reçu dans le ciel qui est le véritable temple de Dieu ;
« vous vous écrierez dans l'élan de votre reconnaissance,
« et de votre amour pour celui qui donne aux hommes
« une telle récompense : Oui, voilà vraiment l'œuvre
« de Dieu, et cette œuvre est incomparable : *A Domino*
« *factum est istud, et est mirabile in oculis nostris. Amen!*
« *Fiat ! fiat !* »

A ce discours de l'éminent Métropolitain, a succédé le
chant du *Credo*. Nous n'en dirons qu'un mot. Malgré le

talent et la valeur des artistes musiciens, malgré les inspirations de M. A. Hellé dans la composition de son
œuvre, le *Credo* a été, au point de vue musical, le mor-
ceau le plus saisissant et le mieux réussi. Rien n'égale
la grandeur et la sublime simplicité des chants de la
liturgie. Ses mélodies graves, profondes, vibrantes, sont
d'une puissance religieuse que rien ne saurait égaler.
Elles nous apportent, à travers les âges, l'écho parfumé
des millions d'âmes qui les ont fait retentir avec les
élans de l'espérance et de l'amour, sous les voûtes loin-
taines de nos vieilles basiliques. Le *Credo* est par excellence le chant immortel de l'humanité. C'est la grande
voix du monde racheté qui, à jamais, s'élancera du
temps vers l'éternité.

La Préface est entonnée. Le *Gratias agamus* s'élève
sur les ailes d'une foi ardente et d'un amour transfiguré.
Elle tremble cette voix du prêtre reconnaissant, qui rend
grâce à Dieu. Et le chœur répond avec un ensemble
plein d'éloquence : *Dignum et justum est !* Et la voix du
prêtre continue jusqu'à l'hymne sans fin. Puis on entend à travers la foule réciter trois fois : *Sanctus ! Sanctus !
Sanctus !*

Saint, Saint, Saint est le Dieu des armées. Derrière
l'autel, les violons murmurent doucement. C'est un tré-
molo céleste qui élève la pensée. Le violoncelle succède
et, par son rithme décousu, exprime le vague de la
vision du Prophète. Le ciel s'ouvre. On entend dans le
lointain les anges qui disent : *Sanctus ! Sanctus !* répon-

dent des voix graves qui font penser aux vieillards de l'Apocalypse. *Sanctus !* reprennent les anges. — *Sanctus !* disent encore les vieillards. Trois fois le dialogue céleste retentit jusqu'au grand vivat au Dieu des armées : *Deus Sabaoth !* accusé par tout l'orchestre. Le chant du ciel doux et pur, entonné de nouveau par des voix d'hommes, est répété par tout le chœur, sur une longue pédale de la base, image de l'éternité.

La voix de Mᵍʳ Trouillet s'élève à nouveau. Elle chante le *Pater*. O Père des Cieux, le cœur qui vous invoque l'a fait tant de fois, que pendant les élancements de sa prière, il me semble voir tomber, sur le peuple qui est là, une rosée fécondante de grâces et de bénédictions. Que votre nom soit sanctifié, que votre règne arrive, que votre volonté soit faite sur la terre comme au ciel !

Mais voici venir l'Agneau de Dieu. *Agnus Dei qui tollis peccata mundi !* C'est une pastorale religieuse qui commence. Le haut-bois prélude et dialogue avec une voix de ténor qui monte avant de communiquer son invocation à toutes les voix élevées. Celles-ci montent à leur tour, pendant que les basses demandent pitié « *Miserere !* »

Puis le chœur sollicite la paix : *Dona nobis pacem !* sur de grands accords palestriniens. Les enfants la demandent ensuite avec une insistance aimable autant qu'irrésistible auprès de Dieu. Ils répètent, pour finir, plusieurs modulations ressuscitées du *Kyrie* et du *Christe,*

pendant que l'*Agnus* continue. C'est le résumé de toutes
les prières destiné à tenter auprès de l'Agneau un dernier et suprême effort. Le mouvement s'apaise enfin, et
la prière expire sur de lents et majestueux accords.

Cette messe solennelle, en *ut* majeur, inspirée par la
foi, est l'œuvre de M. A. Hellé, artiste-compositeur,
maître de chapelle de la Basilique. Ensuite un grand qua-
tuor du même auteur, avec le concours de MM. Pellin,
Farrouch, de Couty et Guyot se fait entendre.

Puis Mgr Turinaz se lève de son siège, et adresse à
la foule et aux Pontifes la superbe allocution qui suit :

« MESSEIGNEURS, MES FRÈRES,

« L'Evêque de Nancy ne peut garder le silence dans
« cette fête : non pas qu'il ait la prétention de rien
« ajouter aux nobles paroles que vous venez d'enten-
« dre, mais parce qu'il doit payer, lui aussi, en ce
« jour, le tribut de sa reconnaissance et faire entendre
« les accents de son cœur.

« Ce tribut de la reconnaissance, je l'offre tout d'abord
« à mon vénéré Prédécesseur sur le siège de Nancy, au
« Métropolitain de cette illustre province. Je le remercie
« d'être revenu dans ce diocèse où, pendant quinze ans,
« il a multiplié les fruits d'une administration active et
« féconde. Je le remercie, en votre nom et au mien,
« d'avoir apporté à cette fête l'autorité de ses éloges et
« la joie de sa présence.

« Je salue avec émotion Monseigneur l'Evêque de Bâle
« à qui je suis heureux d'offrir le témoignage public de
« ma très respectueuse affection. Je salue le Pontife qui,
« depuis vingt années accomplies, — ses diocésains en
« célébraient il y a quelques jours, dans l'enthousiasme,
« le glorieux souvenir, — défend avec une fermeté
« inébranlable, une prudence consommée et une inal-
« térable douceur, les droits et les espérances de la
« Suisse catholique. Je salue l'Evêque qui a souffert la
« persécution et la pauvreté et qui accomplit simple-
« ment, humblement et saintement sa grande mission.
« Je salue en lui un des témoins de la foi au XIXᵉ
« siècle, l'ami du Cardinal Pecci à Pérouse, et l'ami
« du grand Pape Léon XIII.

« Je salue le cher et vénéré Evêque de Verdun qui
« veut bien, comme aux jours de l'épiscopat de Monsei-
« gneur Foulon, accorder à Nancy le bonheur de le pos-
« séder quelquefois, de jouir des séductions de sa piété
« si aimable et d'entendre les conseils de sa haute sagesse.
« En célébrant il y a quelques mois les offices Pontificaux
« dans la cathédrale de Nancy et en nous distribuant ses
« doux et lumineux enseignements, Monseigneur de
« Verdun a donné un éclat inaccoutumé à nos fêtes de
« saint Vincent de Paul. Je tiens à lui exprimer les sen-
« timents de notre vive gratitude.

« Je salue Monseigneur l'Evêque de Châlons, que Dieu
« appelait, il y a un an, à l'honneur et au fardeau de
« l'épiscopat. Nancy qui l'a entendu et qui l'entendra en-

« core, sait presque aussi bien que Toulouse, que Cahors
« et que Châlons ce que peuvent l'ascendant de sa pru-
« dence, l'autorité de sa parole et le rayonnement de sa
« bonté, pour la défense des intérêts sacrés de l'Eglise et
« de la France catholique.

« Je m'incline avec respect devant les Très Révérends
« Pères Abbés de la Trappe, ces hommes de la prière
« et de la pénitence, ces anges gardiens de nos diocèses.
« Je leur exprime ma profonde reconnaissance de la
« preuve d'affection qu'ils donnent à Monseigneur Trouil-
« let et au diocèse de Nancy.

« Je salue ce clergé si nombreux : le clergé de ce
« diocèse et le clergé venu des diocèses voisins. Je salue,
« le cœur ému, les prêtres que séparent de nous les
« douloureuses frontières : ils savent avec quel bonheur
« nous les accueillons toujours. Ce clergé, nous l'aimons
« et il nous aime ; et groupé autour de nous, il mani-
« feste admirablement l'unité et la charité, ces deux
« puissances divines de la sainte Eglise.

« Je salue les Magistrats de cette ville et je les remer-
« cie d'avoir pris part à cette fête. Je salue les Chefs
« si respectés et si aimés de notre vaillante armée, les
« membres des diverses administrations, les hommes
« distingués que je vois ici présents, les artistes que
« nous venons d'entendre, les intelligents et dévoués
« organisateurs de cette fête. Je salue ce peuple si pressé
« dans cette enceinte et dont la piété et le recueillement
« m'édifient et me consolent.

« Je salue enfin le héros de ce grand jour, je le re-
« mercie de ce qu'il a fait et de ce qu'il fera encore.

« Vous contemplez en ce moment, Messeigneurs, Saint-
« Epvre dans les splendeurs de ses fêtes. Vous visiterez
« le Grand-Séminaire auquel Monseigneur Trouillet don-
« nera bientôt une chapelle plus vaste et plus belle. Je
« vois ici des représentants du collège si prospère du
« Bienheureux Pierre Fourier, collège dont le vénérable
« Curé est le fondateur ; des représentants du Petit-
« Séminaire de Pont-à-Mousson dont il est l'insigne
« bienfaiteur.

« Nous vous montrerons l'église Saint-Pierre, s'éle-
« vant, s'achevant dans une beauté et une gloire qui
« exciteront votre admiration, et nous irons, Messei-
« gneurs, si le temps nous le permet, bénir la première
« pierre de l'église Saint-Livier qui sera due tout en-
« tière à la générosité de Monseigneur Trouillet.

« Je voudrais pourtant exprimer encore un vœu. Ce que
« je vais dire est peut-être indiscret, mais on demande
« beaucoup à qui donne toujours. Je m'unis d'ailleurs dans
« l'expression de ce vœu, à Monseigneur Foulon, et je
« m'autorise des paroles qu'il prononçait il y a quelques
« instants.

« Je demande à Monseigneur Trouillet de construire
« une église à saint Joseph, dans un des quartiers de
« cette ville où cette église deviendrait bientôt le centre
« d'une paroisse aussi importante que celle de Saint-Léon.

« Le vénérable Curé, qui a élevé de si belles églises à

« tant de Saints, ne peut oublier son glorieux patron,
« saint Joseph, dont la protection est si précieuse au
« seuil du Paradis.

« Si ce vœu est réalisé, ce jour sera vraiment la
« fête des *Noces d'Or*, des *Noces d'Or* de la piété et
« de la charité. Nancy aura une couronne de magni-
« fiques églises qui s'élèveront comme un rempart
« contre tous les périls qui pourraient la menacer. Et
« dans ces maisons de la prière, les cœurs émus des fi-
« dèles et des pasteurs feront monter vers Dieu les ac-
« cents de leur reconnaissance.

« Que Dieu conserve à Monseigneur Trouillet sa vail-
« lante vieillesse ; qu'il lui permette d'achever toutes les
« œuvres déjà commencées ; qu'il lui permette d'en entre-
« prendre de nouvelles et de les achever encore. Et, à la
« fin d'une vie si prodigieusement remplie, le fidèle ser-
« viteur pourra dire : Seigneur, ouvrez-moi la porte du
« temple immortel de l'Eglise triomphante, car j'ai aimé
« la beauté de votre maison et le lieu où habite votre
« gloire. *Domine, dilexi decorem domus tuæ et locum ha-
« bitationis gloriæ tuæ* (1).

« Messeigneurs, mettez le comble aux joies de ce
« beau jour en bénissant avec moi cette grande assem-
« blée. Bénissez la paroisse de Saint-Epvre et son véné-
« rable Curé ; bénissez cette noble et chère Lorraine ;
« bénissez avec moi ce clergé vaillant et ce peuple fidèle. »

(1) Ps. XXV, V. 8.

Alors les huit Prélats arrivent devant la balustrade. Le *Sit nomen Domini* se fait entendre et de leurs mains réunies, ils bénissent la foule immense, inclinée devant eux. Spectacle émouvant, plein d'une beauté qui soulève l'âme, et d'un attendrissement qui fait monter les larmes aux yeux.

Le cortège se remet en marche pour sortir, au chant d'un beau cantique qui descend de la tribune avec les cent voix du *Credo*.

Les paroles et la musique en sont de circonstance. La musique est l'œuvre de M. Joly, le sympathique organiste, et les paroles de M. l'abbé Bernarht, professeur à Lunéville. Interprété au solo par M. Guyot, de l'Imprimerie Saint-Epvre, il traduit admirablement les pensées de toute l'assistance.

> Prélat béni que toute la Lorraine
> En ce jour fête avec bonheur,
> De vos travaux consommés dans la peine
> Recevez le légitime honneur.

> Au Dieu de l'univers par vos dons magnifiques
> Les peuples éblouis regardent s'élever
> Sur des piliers géants, de vastes basiliques
> Où les foules peuvent prier.

> Ami de la vertu, soutien de l'innocence,
> Votre cœur généreux embellit le séjour
> Où de chrétiennes voix instruisent notre enfance
> Et de Jésus prêchent l'amour.

5

De vos bienfaits le pauvre a béni l'assistance
Car vos mains sont pour lui pleines de charité,
Et pour sauver son âme ou finir sa souffrance
Votre cœur n'a jamais compté.

Que Dieu longtemps encor vous conserve à l'Eglise
Avant de vous donner la gloire de son ciel,
Et que dans l'avenir l'histoire vous redise
Un homme providentiel.

Il est midi et demi. Le temps s'est déchargé de neige, mais le ciel s'est éclairci. Une température plus douce se fait sentir, le vent est tombé. On dirait que le soleil encore voilé prépare une petite surprise à la fête. Il y a quelque chose de relativement gai qui vous réjouit dans l'air. A deux heures, brille un rayon de soleil.

Les groupes, les piétons, les voitures, tout se disperse. La famille, les parents de Mgr Trouillet venus de Lixheim, de Saint-Nicolas, de Lunéville et de Nancy, se rendent au presbytère où un dîner leur a été préparé. Une centaine de prêtres prennent les rues de la ville, deux cents se dirigent vers la maison des Frères, rue Callot, n° 10, où se trouve le dîner offert au clergé.

La maison des Frères appartient, comme on le sait, à Mgr Trouillet, qui l'a livrée aux enfants du vénérable La Salle, pour tenir leur école. Aussi est-elle superbement pavoisée dans la cour intérieure. Des guirlandes, des arcs-de-triomphe, les armes de tous les évêques présents, suspendues et disposées en octogone, décorent la façade et le dais rouge sous lequel est la porte d'entrée.

Deux grandes salles de 100 couverts chacune sont préparées et, ici encore, de délicates attentions se manifestent à l'égard du vénéré curé de Saint-Epvre. Cuisiniers et maîtres d'hôtel s'étaient offerts spontanément pour le service. Chacun voulait avoir sa part en ce jour unique, et chacun avait rivalisé de talent pour témoigner de sa reconnaissance et de son amour.

Deux toasts ont été portés, l'un par M. l'abbé Bénard, qui, cinquante ans auparavant, avait servi la première messe de Mgr Trouillet, au Grand-Séminaire de Nancy. L'autre, par Mgr Turinaz, qui s'est exprimé en ces termes : « C'est une vieille coutume, en Lorraine comme « en Savoie, de porter un toast dans les grandes fêtes « de la vie. Je crois donc me conformer à cette bonne « tradition en portant un toast à la bienvenue des véné-« rables Prélats ici présents, et à Mgr Trouillet. Ses « Noces d'Or sont bien belles ! Puissent ses Noces de « Diamant être plus magnifiques encore. »

Puis a eu lieu la lecture d'une pièce de vers dont l'interprète et l'auteur me sont trop connus pour me permettre de citer son nom. Que le lecteur me pardonne de la mettre sous ses yeux. Son mérite était de résumer, aussi bien que possible, les œuvres grandioses de Mgr Trouillet. Ecrite par l'amour filial, elle fut l'écho très applaudi de l'émotion et de la reconnaissance de tous. On l'em-

porta comme le souvenir ému de ce grand jour. Des
larmes coulèrent en entendant réciter ces strophes :

Vos noces d'or, ô père, ô pasteur vénérable,
Réjouissent le cœur de vos nombreux enfants.
Que de bien accompli, quelle vie admirable
  Durant ces cinquante ans !

Au jour trois fois béni de la première messe,
Quel ouvrier de Dieu se trahit dans vos chants,
Si j'en crois votre voix, pleine encor de jeunesse,
  ·Même après cinquante ans !

Que d'inspirations fortes, mystérieuses,
Remplirent votre cœur de doux pressentiments !
Si je suis du regard les œuvres merveilleuses
  De vos chers cinquante ans.

D'abord à Lunéville où votre premier zèle,
Par la vertu de Dieu rempli d'enchantements,
Fonde à la fois école et collège modèle,
  Aînés de cinquante ans.

Où Saint-Maur est debout dans sa grâce sereine,
Où l'art fait rajeunir, sous vos dons incessants,
Vitraux, temples, palais, fils de votre main pleine
  Et de vos cinquante ans.

Puis à Nancy, Nancy, noble cité ducale,
Qui vous a vu, vainqueur des sages du vieux temps,
Trouver ce qu'ils nommaient pierre philosophale,
   Jeu de vos cinquante ans !

Nancy, où Stanislas a partagé sa gloire,
Où trône René II pour louer vos présents,
Où la pierre en chantant transfigure l'histoire
   De vos chers cinquante ans.

Nancy, qui sous vos pas enfante des prodiges,
Clochers, dentelles d'or, autels étincelants,
Hérauts de l'avenir, admirables vestiges
   De vos chers cinquante ans.

Nancy, qui pour fêter son aïeul et son père
Voit, spectacle inouï, par des cris triomphants,
Saint-Epvre, Saint-Mansuy, Saint-Livier et Saint-Pierre
   Chanter vos cinquante ans.

Nancy, où votre cœur largement distribue,
Comme Vincent de Paul, le pain aux indigents,
Famille de Jésus, qui, d'une voix émue,
   Bénit vos cinquante ans.

Où Guttenberg écrit, où François Xavier prêche,
Dans le couvent offert aux prêtres éloquents,
Frères d'armes unis et debout sur la brèche,
   Grâce à vos cinquante ans

Où saint Bruno, du fond des murs de Bosserville,
Mêle à nos vœux ses vœux les plus reconnaissants;
Où les fils de La Salle abritent leur famille
Grâce à vos cinquante ans!

Nancy enfin, Nancy, qui dans votre personne
Retrouvant des Habsbourg la main et les présents,
Voit rajeunir ses ducs et grandir leur couronne
Avec vos cinquante ans!

Puis tandis qu'à l'envi la peinture et la pierre
Pour bénir votre nom ont uni leurs accents,
Que de dons inconnus tombés sur la misère
Durant ces cinquante ans!

Que de pauvres honteux sauvés de leurs ruines,
Que de cœurs rachetés par vos soins bienfaisants,
Que de pleurs essuyés, que de grâces divines
Ont vus ces cinquante ans!

Car vous fûtes toujours le prêtre au cœur de flamme,
Le travailleur debout, le premier des croyants,
L'ouvrier de la pierre et l'ouvrier de l'âme
Durant ces cinquante ans!

Que de fois vos enfants, empressés et fidèles,
Au récit détaillé de vos labeurs constants,
Ont appris à goûter les choses éternelles
Durant ces cinquante ans!

A vos pieds, à vos pieds, combien de consciences
Et d'esprits inquiets et de cœurs pénitents,
Ont imploré du ciel les divines clémences
   Durant ces cinquante ans !

Que d'âmes ont reçu, de vos mains consacrées
Le pain qui fait les forts, les doux, les continents,
Que de cœurs réjouis, de lèvres empourprées,
   Grâce à vos cinquante ans !

Mais surtout, bon pasteur, que la charité presse,
Vous ne connaissez pas les atteintes du temps ;
Chaque jour rajeunit sans fatigue ni cesse
   Vos heureux cinquante ans.

Chaque office du jour, chaque cérémonie,
Le premier vous retrouve avec les assistants,
Priant, prêchant, chantant, plein d'ardeur et de vie
   Malgré ces cinquante ans.

A ces hautes vertus, le Pontife Suprême
A rendu, Monseigneur, des honneurs éclatants,
Les princes de sa Cour vous font un diadème :
   Chantons vos cinquante ans !

Cinquante ans de vertus, cinquante ans de prêtrise,
Cinquante ans de trésors merveilleux et vivants ;
Il faut sur tous les tons qu'ici je le redise :
   Oh, les chers cinquante ans !

Puisse à jamais Nancy garder votre vieillesse
Pour ses enfants et les enfants de ses enfants ;
Puissent nos yeux vous voir, tout mouillés de tendresse,
Dépasser vos cent ans !

Au moment où ces *cent ans* sont accueillis par d'unanimes applaudissements, deux heures se font entendre. A trois heures et demie avait lieu au Pont-d'Essey la bénédiction de la première pierre de l'église dédiée à saint Livier.

Ce n'est pas le lieu de féliciter Mgr Trouillet du choix de saint Livier pour patron de son œuvre. Une vie du héros chrétien est en préparation ; elle paraîtra plus tard. Recueillie de tous les documents anciens, elle révèlera dans le glorieux martyr de Vic, un des princes de la grande épopée chrétienne. Grâce à l'église du Pont-d'Essey, le guerrier messin renaîtra dans une auréole inconnue sur le sol démembré de son pays.

La route est en fête. Du pont jusqu'à l'emplacement de l'édifice commencé, toutes les maisons sont chargées de guirlandes. Quatre mille personnes sont en mouvement. Les drapeaux flottent, des mâts sont échelonnés de distance en distance. Ils portent des faisceaux d'oriflammes avec des écussons aux initiales S. L. Bon nombre de façades sont pavoisées et mille festons les relient entre elles d'un côté de la rue à l'autre, en forme d'arc de triomphe. A l'entrée du pont, les prélats s'arrêtent. La population est venue au-devant d'eux. Les notables et le curé sont en tête. Cent ecclésiastiques les accompagnent. Derrière eux s'avance la musique de la Malgrange, puis le groupe des jardiniers, sous la bannière de Saint-Fiacre. D'autres corporations les suivent. Celle des verriers est complète avec son étendard qui est un don de M. l'abbé Remy, fils de verrier lui-même. Elle précède la congrégation des demoiselles et des dames, laquelle est suivie à son tour par les enfants qui s'avancent sous leur bannière avec de nombreuses oriflammes. Imposant et magnifique cortège, digne des temps anciens où la foi transportait les peuples au-devant des Pontifes ! Tout est en ordre, tous sont recueillis, la prière et le respect rayonnent sur tous les visages. L'émotion est indescriptible.

Au nom de cette population accourue, M. le Curé s'avance et porte la parole en ces termes :

« Messeigneurs,

« L'honneur qui nous est fait aujourd'hui remplit nos
« cœurs d'une indicible joie et d'une profonde gratitude.
« Aussi je suis heureux et fier d'être ici l'interprète de
« cette vaillante et chrétienne population du Pont-d'Essey
« et, en son nom, au nom de son Conseil municipal et
« du conseil de sa Fabrique, de vous souhaiter la bien-
« venue et de vous dire notre reconnaissance.

« Monseigneur (1),

« C'est à vous que nous devons cet insigne honneur,
« et c'est vous, tout d'abord, que je veux remercier.
« Lorsque, cette année, vous visitiez pour la première
« fois les paroisses de votre beau diocèse, les popula-
« tions accouraient à l'envi sur votre passage, heureuses
« de vous contempler et de posséder un instant leur pas-
« teur bien-aimé. Mais combien plus grand est notre
« bonheur à nous, qui vous recevons aujourd'hui envi-
« ronné d'un si brillant cortège d'illustres prélats et dans
« une circonstance aussi mémorable.

« Car, Messeigneurs, je puis bien le dire, ce ne sont
« pas seulement des Evêques et des princes de l'Eglise
« que nous acclamons aujourd'hui dans vos augustes
« personnes ! vous êtes à nos yeux plus que cela ; vous
« êtes pour nous, en cette grande solennité, les précur-
« seurs de N.-S. J.-C. !... Et pour saluer votre venue,
« je ne puis mieux faire qu'emprunter à nos saints Livres
« les divins accents du prêtre Zacharie : *Benedictus Domi-*
« *nus Deus Israel.*

« Oui, que Dieu soit béni !... Assez longtemps nous
« avons attendu !... Assez longtemps nous avons appelé
« de nos vœux cette heure qui réalise enfin nos plus
« ardents désirs ! Voici venir le jour où Dieu va visiter
« son peuple et établir au milieu de nous sa demeure !

(1) Mgr de Nancy.

« Voici venir le jour où, par sa présence et sa grâce,
« N.-S. J.-C. va opérer dans nos âmes les fruits divins
« de sa Rédemption : *Quia visitavit et fecit Redemptionem*
« *plebis suæ* ! Encore une fois que son nom soit béni :
« *Benedictus Dominus Deus Israel.*

Monseigneur l'Archevêque,

« Je vous suis particulièrement reconnaissant d'avoir
« bien voulu présider cette imposante cérémonie. Je
« suis votre fils dans le sacerdoce et votre nom est mêlé
« aux circonstances les plus mémorables de ma carrière
« sacerdotale ! — Lorsque, il y a quatre ans, vous dai-
« gnâtes me placer à la tête de cette paroisse, vous me
« fîtes connaître que votre plus cher désir était que je
« consacre les jeunes ardeurs de mon zèle à élever en
« ces lieux un temple à J.-C. !... Trois années durant,
« je considérai cette tâche comme matériellement impos-
« sible !... Impossible, elle l'était !... Et elle l'eut été
« longtemps et toujours, si la Divine Providence n'eut
« placé sur mon chemin l'homme de sa droite, celui
« dont tout Nancy et la Lorraine tout entière célèbrent
« aujourd'hui la longue vie et les innombrables bien-
« faits...

« Rassurez-vous, cher et vénéré Prélat, je ne ferai pas
« ici votre éloge !... Vous me l'avez défendu !... Du
« reste, cet éloge, il est aujourd'hui dans toutes les
« bouches, il est dans tous les cœurs !... Qu'il me suffise

« de dire qu'à jamais votre mémoire sera bénie parmi
« nous !… qu'à jamais le souvenir de vos bienfaits vivra
« dans cette paroisse !

« Honneur donc et reconnaissance à vous, illustre
« Prélat, qui avez daigné nous honorer aujourd'hui de
« votre présence !

« Honneur et reconnaissance à vous particulièrement,
« Monseigneur Trouillet, qui avez bien voulu doter le
« Pont-d'Essey d'une église digne des plus beaux monu-
« ments que Nancy doit à votre munificence !

« Honneur et reconnaissance à vous, que notre sa-
« vant architecte, dans une parole désormais célèbre,
« a proclamé le plus grand des maçons de la chré-
« tienté !… » (1)

La procession se retourne et conduit les Prélats aux
sons de la fanfare de la Malgrange, à la grande estrade
élevée et ornée magnifiquement pour les recevoir. Deux
autres tribunes ont été construites de chaque côté pour
recevoir la municipalité et les dames. Rien n'est oublié.
Mgr Foulon prononce les formules du Rituel, et pendant
la Bénédiction, une pluie torrentielle chassée par le vent
commence à tomber. Le public est si recueilli que le
mauvais temps ne trouble rien. La pluie est une rosée

---

(1) Ces derniers mots font allusion à l'inscription qui se trouve
sur la truelle d'argent offerte au trésor de la nouvelle église par
son architecte. On y lit au pourtour :
« *A Mgr Trouillet, curé de la basilique Saint-Epvre* » ; puis au
centre : « *L'architecte de l'œuvre au plus grand maçon de la chrétienté.* »

fécondante, dit un assistant, qui multipliera cette pierre angulaire et fera grandir les moëllons.

Les Pontifes redescendent, et les habitants du pays restent en fête jusque bien avant dans la soirée. Heureuse paroisse, heureux pasteur, heureuse église, heureuse journée, heureux surtout le vénérable curé de Saint-Epvre !

Au retour du Pont-d'Essey, les Prélats se sont dirigés du côté de l'Eglise Saint-Pierre. Ils devaient visiter le grand séminaire où les attendaient les professeurs et les élèves ainsi que la délégation de Pont-à-Mousson. Là un nouveau discours de bienvenue leur était réservé. Un ancien élève du collège de Lunéville a lu le délicieux compliment qui suit :

MESSEIGNEURS,

« Quel beau et consolant spectacle s'offre à nos regards !
« N'est-ce pas une image vivante de la sainte Eglise de
« Dieu, qu'en ce moment, Vous nous donnez de contem-
« pler dans la réunion de si augustes prélats ! La patience,
« l'épreuve, la sérénité, la parole, la prière et l'action qui
« forment le royal manteau de cette épouse admirable de
« J.-C., ne sont-elles pas représentées, j'oserai dire,
« personnifiées dans chacun de nos illustres hôtes ?
« La patience, la longanimité, Mgr l'Archevêque, vous
« l'avez prise pour votre devise, et vous en avez fait la
« haute sagesse de toute votre vie : *In multá patientiá* !

« Nous savons les fruits qu'elle a produits parmi nous ; et
« vous-même, Monseigneur, que de fois déjà, et en public,
« et dans le secret de votre cœur, ne vous êtes-vous pas
« écrié avec bonheur : Quel beau diocèse ! Quelle
« riche moisson ! Comme tout a été bien préparé !

« L'Eglise poursuit son œuvre en toute patience, mais
« ce n'est pas sans épreuves, ni tristesses, vous le savez
« vous, Monseigneur, que l'intolérante persécution tient
« violemment séparé de la majeure partie d'un troupeau
« chéri. Mais, Monseigneur, si votre calice est rempli
« d'amertume, vous trouverez au fond la goutte de
« miel, et déjà, vous l'avez goûtée, car naguère, nous
« entendions l'univers catholique applaudir avec trans-
« port à votre courageuse persévérance dans les bons
« combats du Seigneur.

« L'Eglise souffre, elle pleure, et cependant elle mar-
« che toujours, la sérénité sur le front. La sérénité de
« l'Eglise, Monseigneur, nous la voyons s'épanouir sur
« votre doux et paternel visage ! Les aînés d'entre
« nous l'ont vue, il y a deux ans, rayonner dans cette
« tendre et affectueuse bonté de cœur, dont ils n'ou-
« blieront jamais le charme, et dont le parfum se trou-
« vera toujours mêlé au parfum de nos souvenirs d'or-
« dination.

« L'Eglise attaquée de toutes parts se défend coura-
« geusement : elle élève la voix, et sa parole, tantôt
« grave et austère, excite dans ses prêtres le sentiment
« de leurs devoirs sacrés ou provoque les peuples à de

« sérieux retours vers Dieu : c'est la vôtre, Monsei-
« gneur, et la ville et le Séminaire de Nancy, en redi-
« sent encore les échos salutaires ; — cette parole, tan-
« tôt chaleureuse et enflammée, soulève les masses,
« et entraîne tous les cœurs par la vivacité de sa foi et
« l'ardeur de son dévouement. Monseigneur, pardonnez-
« moi l'allusion que tout le monde fait en ce moment,
« et que je n'oserais me permettre d'accuser davantage.

« Pendant que Josué combattait dans la plaine, Moïse
« priait sur la montagne : Vénérés Pères, Moïse n'est
« pas mort, il revit en vous, et Josué a de nombreux
« descendants. Nous sommes les jeunes recrues de l'ar-
« mée d'Israël, et les plaines que nous devons traver-
« ser sont immenses et semées de mille embûches. Nous
« vous supplions de tenir vos mains levées vers le Ciel,
« afin que descendent sur nous les bénédictions qui
« donnent le courage et la victoire, et qui conduisent à
« la véritable terre promise.

« L'Eglise, fille de Dieu, a reçu en partage avec le
« royaume des âmes, quelque chose du royaume de la
« terre.

« Elle a aussi ses œuvres tout extérieures ; Monsei-
« gneur, héros bienheureux de cette mémorable journée,
» vous êtes en cela l'image parfaite de son action sur
« la terre, et, en retraçant en vous ce dernier trait, vous
« complétez l'harmonie parfaite que je vois entre la
« Sainte Eglise et cette vénérable assemblée.

« L'harmonie, Monseigneur, vous savez la mettre par-

« tout, et dans les cœurs et dans les cités. Dans les
« cœurs, ces trois grandes voix vous bénissent à l'unis-
« son par ma faible bouche : celle de Lunéville, celle de
« Pont-à-Mousson, et celle du Grand-Séminaire. Tous
« chantent avec le même enthousiasme vos nombreux
« bienfaits, et cependant tous n'ont pas reçu avec la
« même abondance. Mais vous avez le rare talent de
« donner à tout le monde et de n'exciter la jalousie de
« personne, parce que, un bienfait de votre main droite
« en appelle un autre de votre main gauche et récipro-
« quement.

« L'harmonie, vous la mettez encore dans les cités :
« Saint-Epvre, placé à une des extrémités de Nancy,
« pesait trop par le poids de ses splendeurs, et faisait
« pencher pour ainsi dire la ville tout entière d'un seul
« côté. Pour rétablir l'équilibre, vous jetez un contre-
« poids à l'autre extrémité, et vous contribuez puissam-
« ment à élever dans Saint-Pierre, une émule de votre
« inimitable basilique. Et voilà que tout à l'heure encore
« vous venez de poser à un autre point de l'horizon, la
« première pierre d'un nouveau temple ! Monseigneur,
« l'équilibre ne va-t-il pas se trouver rompu entre l'est
« et l'ouest, comme il l'était entre le nord et le sud ?
« Oui, Monseigneur, convenez-en, l'harmonie de vos
« œuvres réclame, à Mon-Désert, le complément, le
« pendant, le contre-poids du Pont-d'Essey, et après
« Saint-Livier, vous nous donnerez Saint-Joseph ! ! !
« Après Saint Joseph, ce que vous voudrez ! Les

« saints ne manquent point chez nous, Lorrains, qui
« n'ont pas ici-bas leur chapelle. Pour cela, Monsei-
« gneur, vous avez l'argent, et nous Vous laissons le
« temps : Vos Noces d'or se terminent, eh bien ! à
« vos Noces de diamant ! *Ad multos annos !*
« *Ad ampliora beneficia !!!*

« Monseigneur, nous Vous remercions d'avoir fait
« passer sous nos yeux cette radieuse vision de l'Eglise
« Immortelle. Bien que fugitive, elle laissera dans nos
« cœurs un souvenir fortifiant qui nous sera une conso-
« lation et un grand encouragement dans notre labeur
« sacerdotal. »

Tout cela était aussi ravissant que spirituel. L'idée de
l'équilibre instable de la ville de Nancy fit sourire tout
le monde. On sait combien Mgr Trouillet pèse dans la
balance des basiliques et des millions. La nuit est tom-
bée. Il est six heures et NN. SS. les Evêques n'ont
plus que le temps de se préparer aux cérémonies du
soir.

Elles arrivent avec un concours de peuple qui ne
se compte plus. Ce n'est plus seulement le religieux auditoire remplissant les trois nefs. C'est la foule qui se
tient suspendue en grappes sur toutes les entrées. La
place Saint-Epvre est noire sous le feu des illuminations
qui se montrent. La flèche de pierre, transparente de
tons et de couleurs, répand ses gerbes de lumière aux
alentours. Les crénaux, les trèfles, les corniches sont

inondés. C'est une apparition de l'Apocalypse, une Jérusalem céleste qui semble avoir entendu dans le lointain l'appel prophétique d'Isaïe et se lever dans la lumière : *Surge, illuminare, Jerusalem, quia venit lumen tuum et gloria Domini super te orta est !*

Et tandis que cette transfiguration subsiste, la statue de René II rivalise de splendeurs. Des flancs de la nef extérieure, une pile électrique lui lance des éclairs, et les éclairs intermittents montrent et dérobent tour à tour aux yeux de la vieille cité qui applaudit la face impassible de son héros, brave aux assauts de la science, comme au feu de l'ennemi.

Cependant des mélodies se font entendre. C'est l'ouverture de la cérémonie au fond du cœur. Une voix chante la prière du prêtre qui a célébré ses Noces d'Or. Elle redit ses vœux, la supplication et les élancements de son âme : *Conserva me Domine, quoniam speravi in te !* D'autres voix suivent, c'est le peuple fidèle, c'est la Lorraine entière qui redouble d'instances, demandant à Dieu de lui conserver son prêtre ! Puis le verset continue, dans un style archaïque et sur le mode Dorien, avec une voix de ténor aérienne qui redit les épreuves du sacerdoce à travers l'humanité : *Sanctis qui sunt in terra ejus... Multiplicatæ sunt infirmitates eorum !..,* Il nous semble, avec ces tonalités antiques, nous retrouver un instant au milieu des temps les plus reculés du moyen-âge. Ce sont les luttes de l'Eglise primitive, les souffrances de l'idée chrétienne à son origine. Mais bientôt l'inspiration change. La composition moderne revient, avec ses accords dissonants et son orchestration concertante avec la partie vocale. Le prêtre et le peuple disent successivement la prière d'action de grâces : *Je bénirai le Seigneur qui m'a donné l'intelligence !*... Cette invocation est trois fois répétée sur trois tons ascendants, à l'imitation de l'*Alleluia* du Samedi-Saint. La reconnaissance se traduit avec plus d'instances et s'accentue d'une manière étonnante. L'oratorio se termine, et l'orchestre module avec douceur une réminiscence du commencement : *Conserva me Domine, quoniam speravi in te.* Le chœur final est grandiose.

Ainsi interprété, le cantique symbolise le type du prêtre antique dans les temps modernes. M. Hellé s'est donc élevé à la hauteur de son sujet. L'idéal qu'il a entrevu, tout le monde le saisit : c'est Mgr Trouillet célébrant ses *Noces d'Or* à la Basilique Saint-Epvre.

Mais le vénérable Prélat est en chaire. Il va parler devant son grand auditoire. Tout le monde s'est exprimé pour lui, lui seul ne s'est pas fait entendre. Aux accents de la voix vibrante, le vieillard disparaît et les noces de diamant sont assurées. Le *Conserva me* de tout à l'heure devient plus éloquent et plus beau. Voici l'allocution qui a été comprise de tous :

MESSEIGNEURS, MES FRÈRES,

« Vous attendez de moi, au soir d'un si beau jour, « que mon cœur et ma langue se délient pour vous té-

« moigner les sentiments de ma reconnaissance. Vous
« avez raison, et je suis d'avis que c'est justice à vous
« rendre que de vous remercier. Mais voulez-vous me
« permettre de vous adresser un reproche ? Ne le crai-
« gnez pas, il est doux et tout entier à votre louange.
« N'avez-vous pas trop fait pour moi ? N'avez-vous pas
« un peu empiété sur des droits qui n'appartiennent qu'à
« Dieu ?

« J'ai grand peur, M. C. F., oui grand peur que
« saint Pierre en me recevant ne me dise : Mon ami, je
« n'ai que faire ici de vous, vous avez reçu là-bas votre
« récompense. Et cet accueil donnerait gain de cause à
« tous ceux qui lui ont prêté certains mécontentements
« à mon égard, tant que son église du faubourg est res-
« tée dans l'abandon.

« En vérité, je puis m'écrier avec le roi-prophète :
« *Consolationes tuæ ædificaverunt animam meam super*
« *multitudinem dolorum.* Vos consolations, ô mon Dieu,
« ont soutenu mon âme au-dessus de la multitude des
« douleurs. Ces douleurs, M. F., vous les connaissez,
« ou du moins, vous les soupçonnez. Vous savez de
« combien de peines, d'ennuis, de sacrifices, d'humilia-
« tions et de privations mes œuvres ont été le prix. Mais
« je vous l'avoue avec sincérité, les bénédictions d'un si
« beau jour me les font oublier. Mon cœur surabonde
« d'une joie inexprimable. Je ne puis que lever les
« mains au ciel et m'écrier avec amour : Que le nom
« de Dieu soit béni ; c'est lui qui a fait toutes ces cho-

« ses : *Sit nomen Domini benedictum !* Je n'ai été que
« son faible instrument.

« Je ne sais pas, M. C. F., quel a été le plus grand
« acte de reconnaissance, soit de l'homme pour l'homme,
« soit de la créature envers le Créateur. Mais ce que je
« puis affirmer, c'est que la mienne envers Dieu et en-
« vers vous, ne le cède à aucune autre. Merci à vous,
« vénérés Prélats, qui êtes venus les uns de la frontière,
« les autres de notre chère Lorraine, pour donner tant
« d'éclat à mes Noces d'Or.

« Merci à vous, autorités religieuses, civiles ou mili-
« taires, qui vous êtes montrées si empressées et si con-
« descendantes. Merci à vous, artistes dévoués, dont les
« chants ont été si religieux et si beaux, à vous aussi,
« mes collaborateurs et mes frères en Jésus-Christ ! Mer-
« ci à mes bien-aimés paroissiens de Saint-Jacques et de
« Saint-Maur, dont les représentants sont ici pour té-
« moigner l'affection de tous ; merci à vous tous, mes
« amis, présents ou absents !

« J'ai prié pour vous et Dieu saura bien faire la part
« de ceux que la distance et la mort ont empêchés de
« venir. Parmi ceux-ci, je dois un souvenir tout particu-
« lier à l'éminent et regretté supérieur de Pont-à-Mous-
« son, que le diocèse de Nancy conduisait naguère à
« son dernier repos. Les quarante-trois ans qu'il a passés
« au séminaire, son admirable dévouement, son travail
« de jour et de nuit, son angélique piété et aussi l'amitié
« dont il m'honora toujours, le désignent aujourd'hui

« comme mon interprète auprès de Dieu. C'est à lui que
« je confie mes prières pour vous. Présentées par de telles
« mains, elles ne seront que meilleures et plus efficaces.

« Merci aussi, vous qui êtes au ciel et dont j'ai reçu
« la vie. En ce moment solennel de ma carrière sacer-
« dotale, je ne puis oublier le souvenir de mon père et
« de ma mère. Ils n'avaient pas de fortune à me don-
« ner, mais ils m'ont doté de biens plus précieux que
« l'or. Je tiens de leur munificence une éducation chré-
« tienne, l'amour de la vertu et l'habitude du travail.
« Double richesse, présents admirables, auxquels je dois
« aujourd'hui de me voir entouré de ceux que la France
« compte au milieu de ses illustrations : Princes de l'E-
« glise et de la noblesse, princes de l'armée, de la pen-
« sée et de l'honneur.

« Au spectacle qui vous est donné, sachez apprécier,
« parents chrétiens, le prix de l'éducation et des exem-
« ples que vos enfants reçoivent de vous. Leurs destinées
« vous appartiennent, leur avenir est dans vos mains.
« Croyez-en à ma parole de vieillard et à mon expé-
« rience de cinquante années.

« Et vous, mes chers petits enfants, vous qui êtes
« venus à votre tour fêter mes *Noces d'Or*, vous, les der-
« niers à la vie, mais les premiers près du Cœur de
« Jésus, souvenez-vous qu'une des grandes préoccupa-
« tions de mon ministère a été de vous recommander
« l'amour de Dieu, le respect de vos parents, l'applica-
« tion au travail.

« Je ne cesserai de le faire durant les jours qu'il me
« sera encore donné de passer au milieu de vous.

« Et maintenant, Monseigneur, il me reste à m'age-
« nouiller devant vous et à vous demander votre béné-
« diction pour clore mon Jubilé Sacerdotal. Bénissez-
« moi avec mes collaborateurs, bénissez mes parents,
« mes amis, bénissez cette assistance, ces pères, ces
« mères, ces enfants, tous ces chrétiens, afin que leur
« amour de Dieu grandisse, et que tous, pasteur et trou-
« peau, nous nous retrouvions un jour pour chanter à
« la suite de l'Agneau Divin, les Noces d'Or éter-
« nelles. »

La bénédiction a été donnée par Mgr Lachat, évêque
de Bâle, et la cérémonie s'est terminée par le chant du *Te
Deum*, alterné entre les belles voix du grand orgue et les
exécutants du grand chœur. Pendant que le cantique
monte et descend sous ces voûtes, avec ses élancements,
son enthousiasme et ses tonalités triomphantes, la masse
le murmure à son tour. Les prêtres le redisent à la foule
et la foule l'accompagne du mouvement de ses lèvres.
Voix de la Meurthe, des Vosges, de la Meuse, voix de
l'Alsace, du pays messin, voix de la région tout entière ! C'est la Lorraine qui chante, sous ces voûtes illu-
minées, l'hymne de l'action de grâce pour les joies
incomparables de ce beau jour !

Nous sortons de l'église, et par un brusque retour de
la température, le temps s'est éclairci. Le ciel est pur,
les nuages sont dissipés, l'azur étincelle avec ses constel-

lations d'étoiles. C'est le calme, le repos absolu, la paix et la sérénité des cieux ?

Ce constraste nous étonne. Au matin, le vent souffle, la neige tombe par violentes giboulées qui font désespérer de la fête. Au milieu du jour viennent les éclaircies, mais elles sont intermittentes. La pluie menace par intervalles, la tourmente a des accès de retour. Puis le soir arrive. Tout change, tout s'illumine, René II, la Basilique et le vêtement des cieux.

N'est-ce point là l'image de la vie de Mgr Trouillet. Elle nous apparaît tout d'abord, en butte aux inimitiés, pleine d'inquiétudes, de soucis, de luttes et de combats contre les éléments. Ce sont des voyages, des marches forcées, des fatigues sans cesse renouvelées. Puis les temps s'adoucissent, les jours sont meilleurs, malgré les heures difficiles ; l'espérance de triompher grandit dans le cœur du prêtre. Le soir vient, et le soir est beau. Toutes les peines se sont dissipées, tous les obstacles sont vaincus, tous les vents sont apaisés. On lui célèbre des Noces d'Or qui sont un triomphe. Ce sont des feux, des illuminations, des cantiques, symboles de la brillante Jérusalem des cieux.

Oui, le 11 décembre 1883 passa au milieu de nous comme l'image de sa vie !

IV

LA CORBEILLE DE NOCES

Les chants s'étaient endormis, la foule était sortie, la Basilique s'était refermée, laissant dans le silence de la solitude ces voûtes tout à l'heure si joyeuses et si émues. Les fêtes durent peu ici-bas. Elles apparaissent de loin en loin, comme un sourire de la bonté de Dieu. Celle-ci, néanmoins, eut son épilogue et son heureux lendemain. Tandis que la foule se dispersait le long des rues et sur les trottoirs, Mgr Trouillet, chargé de grâces et d'émotions, rentrait dans sa modeste chambre. Ne craignez pas, néanmoins, qu'il s'y trouva solitaire. Les sympathies catholiques l'attendaient sur le seuil. De tous les points de l'horizon et, depuis deux jours, une pluie de cartes, de lettres, d'adresses, de félicitations lui étaient arrivées. Elles étaient sur sa table, posées dans un gracieuse corbeille. C'était la corbeille de noces. Les arts, les sciences, la poésie et la prose avaient rivalisé d'empressement et de reconnaissance. La peinture et même la sculpture s'étaient mises en frais. Ce n'était plus la musique et c'était un magnifique concert, où le pauvre et le prince, l'humble prêtre et l'évêque, le religieux et le général d'ordre, l'enfant et le viellard, le Français et l'étranger, s'étaient unis pour louer l'homme d'art, l'architecte, le grand ouvrier de la pierre qui chante, du chêne qui fleurit, de la couleur qui parle et le père du pauvre qui prie en recevant son pain.

Qu'il me soit permis de jeter un regard indiscret au milieu de tant d'offrandes et de témoignages. Ce petit livre ne serait pas complet, s'il ne conviait le lecteur à goûter discrètement au charme de ce trop plein de la reconnaissance.

Ce sont d'abord les enfants de Saint-Epvre. C'est par la bouche des enfants que Dieu a parfait sa louange. *Ex ore infantium et lactentium perfecisti laudem tuam !...* Voici la voix douce et pure de ceux de la paroisse, qui remercient et demandent la bénédiction du père :

MONSEIGNEUR ET VÉNÉRÉ PASTEUR,

Plus heureuse que mes compagnes, j'ai été choisie parmi elles pour vous exprimer, en ce beau jour, au nom de toutes, les sentiments de respectueuse affection qui sont pour vous dans nos cœurs.

La belle journée qui s'apprête ne saurait être complète pour votre cœur.de père, si la voix des petits enfants de votre chère paroisse ne venait se mêler au concert de louanges, de bénédictions, de respect et d'amour qui, demain, donnera aux habitants du vieux Nancy un avant-goût du paradis.

Combien donc nous sommes heureuses et fières, cher et bien aimé Père, d'être des premières à vous offrir, à l'occasion de cet heureux anniversaire, les vœux que nous formons pour votre bonheur ; afin que le bon Dieu vous rende en bénédictions jour par jour, heure par heure, le bien qui a consacré chacun des instants de votre longue carrière. Nous laissons à d'autres qui le feront plus dignement et plus éloquemment que nous, le soin de rappeler les nombreux bienfaits, et les grandes choses, qui ont illustré à jamais le nom béni de notre cher Pasteur ; pour nous, enfants de Saint-Epvre, nous ne voulons célébrer que sa bonté. Aussi bien n'est-ce pas là, cher et bien aimé Pasteur votre plus infime titre de gloire ! C'est celui au moins qui restera à jamais gravé dans nos cœurs, avec la douce confiance que vous voudrez bien avoir pour nous demain, aux pieds des autels, un souvenir et une prière.

Et maintenant, Monseigneur, nous prions Dieu de mettre le comble à ses bienfaits, en vous conservant encore longtemps au milieu de vos enfants qui vous aiment et vous demandent de les bénir.

Après les enfants, ce sont les pauvres. Ils n'ont pas voulu se taire et ils ont envoyé un ambassadeur pour témoigner de leur reconnaissance. Cet ambassadeur est un tableau artistement travaillé. Tout autour des fleurs sont dessinées et entrelacées sous forme de festons. Au milieu une lettre est écrite, lettre courte mais éloquente, lettre admirable de simplicité ! Deux anges, aussi beaux que ceux de Raphaël, tiennent une couronne en l'air. Ils semblent être descendus du Ciel au nom de Celui qui fut le premier pauvre de l'Eglise. Au-dessous, on lit en lettres pourpres et or :

HOMMAGE

DE PROFOND RESPECT

ET

D'AFFECTUEUSE RECONNAISSANCE

des Pauvres de la Ville de Nancy

A

Monseigneur TROUILLET

LEUR

INSIGNE BIENFAITEUR

A L'OCCASION

DE SES NOCES D'OR

11 Décembre

1833 — 1883

Après les pauvres, c'est la municipalité. Reconnaissante du bien accompli, elle se rend l'interprète autorisée de la ville et loue sans partialité comme sans détour le prêtre de ses dons :

Monsieur le Curé,

J'ai communiqué au Conseil municipal votre lettre du 6 décembre, par laquelle vous me faites l'honneur de m'aviser que la fontaine monumentale de la place Saint-Epvre, dont la reconstruction est due entièrement à votre libéralité, était achevée, et que vous en faisiez remise officielle à la Ville de Nancy.

Notre Ville vous devait déjà un de ses plus beaux monuments en même temps qu'un quartier tout entier, sa rapide et heureuse transformation. Vous voulez y mettre la dernière main étant de ceux qui pensent que rien n'est fait tant qu'il reste quelque chose à faire. En nous remettant aujourd'hui la statue de René II, vous augmentez encore à notre dette envers vous.

Ces sentiments ne me sont pas seulement personnels. Le Conseil municipal, interprète de notre population, tient à s'y associer, et, après en avoir délibéré, et décidé que mention en serait faite au procès-verbal de sa séance, il m'a expressément chargé de vous adresser ses chaleureux remerciements, voulant ainsi que le souvenir de votre rare et féconde activité soit officiellement fixé dans une page de l'histoire de la cité.

Je me félicite d'avoir ainsi une occasion nouvelle de vous transmettre l'expression de ma vive et sincère gratitude.

Veuillez, Monsieur le Curé, agréer l'assurance de ma haute considération.

Le Maire,
AD. VOLLAND.

D'autres félicitations sont adressées de Nancy. Je ne puis m'y arrêter. La cérémonie du matin est plus éloquente que le reste du côté de la ville. Mais les absents ont franchi les distances et parlent à leur tour. Lunéville arrive immédiatement après. Il ne parle point en prose. Il a des poètes pour traduire ses douces émotions, et ces poètes, à l'ombre du bienheureux Pierre Fourrier et de Saint-Maur, rencontrent des muses qui leur dictent ces beaux et bons vers :

> *Cinquante ans ont passé depuis l'heure bénie,*
> *Où, prosterné devant l'autel,*
> *Vous avez fait à Dieu le serment solennel*
> *De lui consacrer votre vie ;*

Où vous avez juré de faire un digne emploi,
Pour honorer son nom et répandre sa loi,
De ces dons précieux, qui sont votre partage :
Zèle, persévérance, indomptable courage,
Qui s'inspire et s'éclaire au flambeau de la Foi...
Et ce serment sacré, qu'aux pieds du divin maître
Vous dictait un grand cœur, riche de dévoûment,
Depuis un demi-siècle, — humble et modeste prêtre, —
Ah ! vous l'avez gardé religieusement !
Assez d'autres diront ces œuvres sans pareilles
Dont vous avez marqué tous les pas du chemin,
Ces travaux de géant, ces splendides merveilles,
Pour qui ne ménageant ni fatigues ni veilles,
Vous avez su trouver de l'or à pleine main ;
Ce temple sans rival dans sa magnificence,
Eternel monument de vos pieux labeurs,
Où tout à l'heure encor, sous cette voûte immense,
    L'hymne de la reconnaissance
    Montait à Dieu de tous les cœurs...
Oui, la noble cité qui vous doit tant de gloire,
Gravera votre nom à jamais respecté
Sur les tables d'airain de sa royale histoire,
    Pour le redire à la postérité.

Qu'à ma vieille amitié, dans ce beau jour de fête,
    Dans ce jour de vos Noces d'or,
Il soit aussi permis d'être l'humble interprète
De cette autre cité (1) qui vous regrette encor ;

(1) Lunéville.

Car c'est là, qu'en entrant dans le saint ministère, —
Nous en avons gardé le vivant souvenir, —
Déjà vous préludiez, jeune missionnaire,
        Aux prodiges de l'avenir.
Oui, déjà le cœur plein de fécondes pensées,
        Vous aviez compris dès l'abord
Qu'il vous fallait tenter un héroïque effort,
Pour retremper en Dieu tant d'âmes abaissées,
        Tant de déshérités du sort.
Un faubourg populeux, trop loin du sanctuaire,
Où, vouée au travail, à peine si la mère
Savait trouver encor le chemin du saint lieu,
Vit un temple bientôt s'élever pierre à pierre,
        Et l'auguste maison de Dieu
S'ouvrit pour recevoir ses vœux et sa prière....
        Mais cet admirable labeur,
        Cette œuvre régénératrice,
Ce n'était point assez pour une sainte ardeur
Qui ne respire et vit que dans le sacrifice,
Et chaque jour nos yeux virent, — non sans stupeur, —
Surgir quelque nouvel et splendide édifice...
        Cité pour l'humble travailleur,
Palais pour la jeunesse, écoles pour l'enfance ;
Asile maternel ouvert à l'innocence,
Demeure de la paix, du travail, du silence,
        Où le ministre du Seigneur
Habite auprès du Maître, et comme en sa présence ;
Voilà ce qu'un seul homme, insigne bienfaiteur,

A pu faire en vingt ans par sa persévérance....
Dirai-je tous ces dons qu'au sein de l'indigence
    Où du malheur immérité,
    Une discrète charité
Versait à pleines mains pour calmer la souffrance ?...
Non, je dois respecter le secret des douleurs ;
Mais s'ils sont ignorés de la foule qui passe,
Ces bienfaits ont creusé leur sillon et leur trace,
Et demeurent gravés au plus profond des cœurs.

Aussi, lorsqu'appelé sur une vaste scène
    Qui réclamait vos efforts généreux,
Il vous fallut briser la douce et forte chaîne
Qui devait vous fixer à jamais dans ces lieux,
Je n'ai point oublié ces regrets et ces vœux,
Ni ces pleurs attendris, qu'on retenait à peine
    A l'heure des derniers adieux,
Et quand, sollicité par quelque bien à faire,
Vous visitez, — hélas ! à de rares instants
Cette cité qui vous est toujours chère,
    Et, malgré l'absence et le temps,
Vous conserve à son tour l'amour le plus sincère ;
A tous ces fronts joyeux, à ces airs triomphants,
Il semble en vérité que ce soit un bon père
Qui revient au milieu de ses heureux enfants.
Honneur donc à Celui qui, brisant tout obstacle,
Athlète infatigable, et n'oubliant que soi,
De la Lorraine a fait la terre du miracle,

Et sans autre trésor que son zèle et sa foi,
Au déclin d'une longue et si pleine carrière,
En portant ses regards dans le passé lointain,
Il est doux de pouvoir mesurer le chemin
Par tout le bien qu'on a su faire.
Oui, c'est un souvenir unique, précieux,
Mais ce n'est après tout qu'une joie éphémère ;
Il est un prix plus grand, plus digne de nos vœux,
Que le temps dans son vol ne corrompt ni n'altère,
C'est la palme que Dieu réserve dans les cieux
A ceux qui l'ont servi comme vous sur la terre.

11 décembre 1883.

BRAVE,
Ancien professeur de rhétorique au collège de Lunéville.

Au-delà de Lunéville et de Nancy, il y a des exilés en Hollande. Ils tendent des bras reconnaissants. Ecoutez les enfants de Saint Liguori :

MONSEIGNEUR,

Au jour où vous allez célébrer le jubilé de votre prêtrise, les Etudiants rédemptoristes, partout ailleurs les derniers, voudraient tenir le premier rang pour vous présenter leurs humbles félicitations. Les bienfaits que nous avons reçus de vous sont gravés trop profondément dans notre mémoire pour que nous ne prenions aucune part à la joie de tous ceux qui vous entourent.

L'admiration, le respect, la gratitude, l'amitié vous offriront les dons les plus précieux ; mais, quelque générosité que l'on déploie, nul, Monseigneur, ne mettra plus de cœur que nous, à déposer à vos pieds l'hommage de nos respectueuses congratulations. Et s'il est vrai que la veuve de l'Evangile a donné plus avec son obole que le riche avec son trésor, soyez persuadé, Monseigneur, que nous

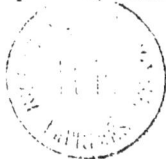

7

déposerons plus que personne entre les mains de la Providence. Nous offrirons à Dieu pour vous nos humbles prières ; mais elles seront dictées par une reconnaissance que j'appellerais volontiers filiale, car, Monseigneur, vous y avez plus d'un titre.

Qui de nous ne se rappelle les jours heureux qu'il a passés dans cette solitude de Houdemont, monument d'une charité inconnue au monde peut-être, mais assurément inscrite au livre de vie. Les pierres sont muettes ; mais elles portent, gravé en caractères indélébiles, le nom du prêtre zélé qui donna cette demeure à des exilés sans foyer. Et tous les jours encore, de nouveaux bienfaits viennent raviver la mémoire des anciens.

De tout cela, vous vous êtes fait, Monseigneur, un capital dont nos vœux les plus sincères et nos prières les plus ardentes viendront aujourd'hui vous payer les intérêts. Nous confierons à Dieu le soin de vous rendre ce que vous nous avez donné. Vous avez tant fait, Monseigneur, que, quelque témoignage que l'on vous donne, Dieu ne pourra pas vous dire : *Recepisti mercedem tuam.*

Aujourd'hui, que ce Dieu vous accorde la joie de célébrer vos Noces d'Or, nous regardons ce bonheur comme une récompense anticipée de votre dévouement à sa cause. Toutefois, nous ne demanderons pas encore au Seigneur qu'il vous donne le repos ; au contraire, nous le prierons de vous faire puiser une nouvelle ardeur dans cette glorieuse fête.

Une vie si féconde en œuvres de miséricorde fera dire de vous, Monseigneur, ce que l'on a dit du divin Maître *Pertransiit benefaciendo.* Comme tous les malheureux, tous les disgraciés recouraient à lui ; de même, voyant en vous le prêtre dévoué, le disciple fidèle de Jésus-Christ, toutes les infortunes, toutes les misères ont frappé à votre porte ; et toujours, elle s'est ouverte pour accueillir la plainte du malheur, il n'est point de souffrance qui n'ait trouvé auprès de vous son soulagement ou sa guérison.

L'onction sainte qui vous a fait prêtre, vous a prédestiné en même temps, Monseigneur, à l'apostolat du pauvre : *Unxit me Dominus evangelizare pauperibus.* Les petits vous ont demandé le pain du corps ; mais vous souvenant de la parole de Jésus : *Non in solo pane vivit homo, sed in omni verbo quod procedit de ore Dei,* vous leur avez distribué le pain de l'âme et celui du corps.

Vous avez cherché la gloire de Dieu, vous avez élevé des temples en son honneur, et il vous a ouvert les trésors des rois : *Quærite primum regnum Dei... et hæc omnia adjicientur vobis.* Vous avez, Monseigneur, confessé le nom de Jésus-Christ, devant les hommes : des monuments de granit portent jusqu'au ciel le magnifique témoignage de votre foi : Jésus-Christ vous confessera à son tour devant son Père.

Votre foi n'a point connu le doute, et elle a enfanté des merveilles, parce qu'il est écrit : Si vous avez de la foi comme un grain de sénevé, et que vous disiez à cette montagne d'aller là, elle s'y transportera.

Dans un siècle d'égoïsme et d'apostasie, vous vous êtes immolé par un dévouement connu seulement des vieux âges. Ceux qui n'auront point vu ce que nous voyons, auront peine à croire qu'une vie de prêtre ait pu suffire à l'achèvement d'œuvres si nombreuses et si admirables.

Cette vie n'est point achevée encore ; la faveur que Dieu vous fait aujourd'hui, Monseigneur, nous est un gage assuré que vos jours se prolongeront encore aussi féconds que votre jeunesse et votre âge mûr. Ramené par votre jubilé au premier jour de votre sacerdoce, vous vous sentirez une vigueur nouvelle : *Renovabitur ut aquila juventus tua ;* et vous reprendrez votre essor vers de nouveaux labeurs, jusqu'à ce que vos jours aient égalé ceux des patriarches.

Vous offrirez encore à Dieu d'autres mérites, avant qu'il dépose sur votre front la couronne que les anges vous tressent, et dont vous aurez fourni les joyaux les plus précieux.

Tels sont, Monseigneur, les sentiments de tous les Etudiants en cet heureux jour ; mais il en est parmi nous sur lesquels vous avez un droit de plus et à l'hommage desquels vous avez un titre spécial ; ce sont les enfants de la Lorraine.

Ils ambitionnent l'honneur d'être les interprètes de tous leurs confrères, auprès de vous, et de se dire avec une profonde vénération et un respectueux dévouement,

Monseigneur, vos très humbles et très reconnaissants serviteurs.

De l'exil, le 8 décembre 1883.

Cette adresse, aussi touchante que pénétrée d'affection, est accompagnée d'une ravissante pièce de vers, due à la plume de trois scolastiques lorraines. Sur la couverture artistique qui les enferme, un crayon merveilleux a tracé un arc de triomphe chargé de gloire et d'allégories. Au travers de la voûte, sous un ciel bleu, se dessine la basilique Saint-Epvre. Plus près, à gauche, un missel rouge et un calice doré. Puis un péristyle en marbre, des anges tenant des guirlandes ou des médaillons. Sur les médaillons, le nom des églises bâties. Aux angles, la pointe dentelée de nombreux clochetons, pareils à la cîme des forêts. A droite la statue de Saint Joseph, aux pieds de laquelle s'élève un trophée. Sous la voûte, dans l'azur du ciel, gravée en arc de lettres dorées, l'inscription :

A MONSEIGNEUR TROUILLET.

A la base du monument, l'exergue de l'Ecriture : *Si hi tacuerînt, lapides clamabunt*. Le tout renfermant cette pièce de poésie douce et pure, comme un des chœurs d'Esther ou une cantate de Lamartine :

Quid retribuam ?

Les tentes de Jacob tressaillent d'allégresse !
  Sous les parvis de Salomon,
Des palmes à la main, le peuple saint se presse,
  Chantant gloire au Dieu de Sion.

A l'autel, j'aperçois, au sein de la lumière,
  Un prêtre en ce jour solennel,
Faisant brûler l'encens et monter sa prière
  Vers le trône de l'Eternel !

Dans le fleuve du temps chargé de fruits de vie,
Il a vu s'écouler dix lustres glorieux
Depuis cet heureux jour où de ses mains, l'Hostie,
Pour la première fois, monta jusques aux cieux.

Depuis lors, tourmenté par la reconnaissance,
Il cherche, il cherche encor comment rendre au Seigneur
Quelque don qui réponde à sa munificence :
Le Quid retribuam déborde de son cœur.

Ce que tu lui rendras, Prêtre ! ce qu'il réclame....
O ciel ! Il veut de toi des prodiges nombreux.
Ecoute, il va parler ; prépare ta grande âme ;
Ton Dieu va te traiter en ami généreux.

LES TEMPLES

Le Christ. — En ces jours ténébreux où, de mon sanctuaire,
Le chrétien égaré ne franchit plus le seuil ;
En ces jours de malheur où, reniant son Père,
L'homme, au lieu de prier, blasphème avec orgueil :
Je veux que la prière, en dépit de leur rage,
Retentisse plus belle en des temples plus beaux.
Pour cette œuvre, veux-tu me prêter ton courage ?
J'offre ma Providence ; offre-moi tes travaux.

Le Prêtre. — O maître, j'ai la foi ! La foi rit des obs-
Dans leur robe de pierre et leurs atours pieux,   [tacles ;
En quatre lieux divers vos sacrés tabernacles
Bientôt se dresseront beaux et majestueux.

La voûte s'arrondit et la flèche s'élance,
L'art anime le marbre et fait parler les murs ;
L'airain harmonieux dans les airs se balance,
Appelant les pêcheurs, appelant les cœurs purs.

LES PAUVRES

Le Christ. — *O Prêtre, grâce à toi, j'habite une demeure*
Où mon peuple empressé m'honore tous les jours.
Mais je réside aussi dans le pauvre qui pleure,
Et dans l'infortuné qui demande secours.
Dans son triste réduit le monde l'abandonne,
Lui laissant de la faim les cruels aiguillons.
Incline aussi vers lui ton âme noble et bonne,
Et mon cœur, dans le sien, jouira de tes dons.

Le Prêtre. — *O Christ, dont le soleil féconde la nature,*
Qui fais pleuvoir du ciel d'innombrables présents,
Qui ne refuses pas à l'oiseau sa pâture,
Tu me donnes du pain pour tes pauvres enfants,
Ma main ne garde pas ce que ta main me donne ;
O mon Dieu, tu le sais, ami des malheureux,
Je partage entre tous la paternelle aumône :
C'est un honneur pour moi, plus qu'un bonheur pour eux.

LES AMES

Le Christ. — *Merci, mon noble ami ! mais une autre in-*
Réclame de ton cœur une autre charité :   [*digence*
L'homme doit, ici-bas, pour vivre d'espérance,
Se nourrir de la grâce et de la vérité.

Or, écoute le cri qu'exhale mon Prophète :
« Les petits de mon peuple ont demandé du pain ;
« Ce pain mystérieux, nulle main ne l'apprête,
« Et je vois mon troupeau décimé par la faim. »

Le Prêtre. — Mon Dieu, je te comprends ! sous les voûtes
Des temples que ma main a relevés pour toi,   [sacrées
Par la splendeur du ciel les foules attirées,
Toujours retrouveront l'aliment de leur foi,
La majesté du culte et la sainte parole,
Le pain qui nourrit l'âme, et le divin pardon,
De la mère de Dieu l'image qui console,
Et jusque sur les murs la grandeur de ton nom !

LES ENFANTS

Le Christ — Mais mon cœur paternel bien tendrement se
Vers les petits enfants, fleurs de l'humanité ;   [penche
Dans leur âme je vis, j'aime leur robe blanche,
Dont nulle tache encor ne ternit la beauté !
Pour que mon sang sur eux ne tombe pas stérile,
Protège le printemps de ces pauvres petits.
En eux sème la foi, le terrain est fertile :
D'une riche moisson prépare-moi les fruits.

Le Prêtre. — Venez, petits enfants, que le Sauveur préfère,
Un abri protecteur va s'élever pour vous,
Fourier vous tend les bras : l'ombre d'un si bon père
Fera peur au lion qui rôde autour de nous.

Là, de vos premiers ans, jetez les pures flammes ;
Le pain de la science et l'ardeur des vertus
Fortifieront vos cœurs, embelliront vos âmes,
Sous le divin regard du saint enfant Jésus.

LES PERSÉCUTÉS

Le Christ. — *Entends-tu les décrets d'une haine sauvage ?*
L'homme contre mes Christs ose lever la main,
Profaner leur séjour, ravir leur héritage ;
Et tous, d'un triste exil, ils prennent le chemin.
En attendant le jour où ma juste justice
Enfin humiliera leur stupide ennemi,
Ouvre-leur, je t'en prie, un asile propice,
Et sois, de mes amis, le charitable ami.

Le Prêtre. — *Gloire au noble proscrit qui chantait tes*
A l'apôtre martyr qui nous prêchait ta loi !   *[louanges,*
Je les accueillerai comme on reçoit des anges
Et les entourerai du respect de ma foi.
Venez, fils de Bruno, venez, enfants d'Alphonse,
Et vous tous combattants des célestes combats :
Comblés de mes bienfaits, ils seront ma réponse,
O Christ, à tout l'amour que tu me témoignas.

QUID RETRIBUAM

Le Christ. — *Salut, homme de foi ! ta noble confiance,*
Aux jours les plus mauvais d'un pénible labeur,
N'a pas douté de moi, ni de ma Providence,
Salut ! je te bénis, fidèle serviteur.

Les peuples, de ta foi, gardant tous la mémoire,
En toi vénèreront un vrai fils d'Abraham ;
Et moi-même, aujourd'hui, pour ta plus grande gloire,
Moi, ton Dieu, ie te dis mon : Quid retribuam !

Fæneratur Domino qui miseretur.

Voici le tour des vers latins. Ils arrivent de l'étranger ;
la langue de l'Eglise catholique est la langue universelle.
On dirait ces vers sortis du fond des demeures claus-
. trales du moyen-âge. Ils en ont le parfum et la piété :

Ecce dies memoranda reluxit !
Fert animus celebrare decoro
Festa triumpho
Lætitiæque
Dulcisonos sociare modos :
Pectora fervent,
Guttura quis cohibere potest ?

Eximius pietate sacerdos
Iste Deoque placens, hominibusque
Mira quot egit !
Pascua larga
Dans ovibus, lacrymasque sedans !
Splendida surgunt
Templa : Quis omnia dinumeret ?

Dulce tuis Deus ! o miserorum
Præsidium ! Pater optime, longos
Vive per annos,
Vive beatus !
Pandat in astra Maria Viam !
Atque per ævum
Sit tibi digna corona Deus.

Une autre pièce est de la Haute-Marne. Les colléges se sont donné le mot. Leur muse ne tarit pas.

Pour vous offrir nos vœux, en ce beau jour de fête,
Je voudrais, Monseigneur, être aujourd'hui poète.
En vers je vous dirais les transports de nos cœurs,
Au Parnasse pour vous j'irais cueillir des fleurs.

Le ciel sur votre front a mis une couronne,
Et votre sacerdoce avec éclat rayonne,
Muse, viens m'inspirer, muse, prends ton essor ;
Voici de Monseigneur, voici les noces d'or !

Il me semble, en ce jour, que les chœurs angéliques
Font entendre leurs voix au fond des basiliques,
Qui par vos pieux travaux s'élèvent vers les cieux,
Et qu'aux pieds de Jésus ils vont porter nos vœux.

Tressaille d'allégresse, ô cité nancéenne !
Ton église Saint-Epvre a l'aspect d'une reine.
Contemple avec amour l'œuvre de ton pasteur,
De ce temple si beau bénis toujours l'auteur.

De l'orgue harmonieux, pour ce bien-aimé père,
J'entends monter au ciel la voix de la prière.
Aujourd'hui ses accords plus suaves, plus doux,
S'unissent aux souhaits de la foule à genoux.

Le ciel aussi prend part à cette aimable fête ;
La grâce, Monseigneur, descends sur votre tête,
Et vient récompenser de ses dons précieux
Votre amour pour Jésus, votre zèle pieux.

En voyant s'élever un temple à sa mémoire,
Saint-Pierre vous bénit du séjour de la gloire ;
Sur vous avec tendresse il abaisse les yeux,
Et pour vous il prépare un trône dans les cieux.

9 décembre 1883.

Collège de Saint-Dizier.

Aux élèves du collége de Saint-Dizier, succèdent les Trappistes d'Aiguebelle. Quatre-vingts religieux signent l'adresse suivante, qu'ils remettent à leur Révérend Père abbé, à son départ pour les Noces d'Or :

MONSEIGNEUR,

Dans l'impossibilité pour chacun de nous de participer individuellement à la consolation, réservée à notre Révérend Père Abbé, d'aller en personne vous offrir nos hommages et nos félicitations à l'occasion des noces d'or de votre fécond et glorieux sacerdoce, nous croyons accomplir un pieux devoir en vous exprimant en ce jour mémorable, par une adresse collective, les sentiments de vénération, de reconnaissance et d'amour dont nos cœurs débordent à votre égard, au souvenir de vos vertus et de vos bienfaits. Qu'il nous soit donc permis de joindre nos modestes hommages à ceux qui vont, en cette circonstance, vous inonder de toutes parts, comme d'une pluie de bénédictions justement méritées.

Mais quels sont nos titres pour jouir de cette faveur, à nous pauvres trappistes perdus dans une solitude éloignée de près de deux cents lieues du centre de votre ministère de charité, pour nous adjoindre ainsi à ces groupes nombreux plus autorisés, ce semble, à vous faire agréer l'expression de leur reconnaissance et de leur amour ? Ces titres, Monseigneur, vous ne saurez les méconnaître, attendu que la générosité les a préalablement écrits en termes non équivoques dans votre propre cœur, de même que la reconnaissance les a corrélativement burinés en caractères ineffaçables dans les nôtres. Et si, conformément au Conseil Evangélique, votre main gauche ignore le bien qu'opère votre main droite, notre devoir à nous, vos obligés, est de nous rappeler vos bienfaits et, à l'occasion, de les publier.

Oui, Monseigneur, ces mains bénies qui, à l'exemple du divin Maître, ont semé des bienfaits partout où elles ont passé, doivent être glorifiées aujourd'hui. D'autres, et c'est justice, exalteront celles de vos œuvres qui éclatent au grand jour, telles que les splendides temples dont vous avez doté de nobles cités : grand sujet de dépit pour les ennemis de Dieu et de la société ; pour les bons catholiques, au contraire, grand sujet de consolation et motif d'espérance de temps meilleurs que ceux que nous traversons. Mais à nous il incombe particulièrement d'exalter vos œuvres cachées, bien plus nombreuses et non moins méritoires que les précédentes, et dont, malgré la distance qui nous sépare, nous avons largement bénéficié. Laissez-nous vous dire, à ce sujet, Monseigneur, que si la grandeur de vos bienfaits à notre égard nous rend impuissants à les reconnaître, nous trouvons une compensation à cette impuissance, dans la conviction que votre mérite n'en est que plus grand devant Dieu et que nous aurons été l'heureuse occasion pour laquelle Notre-Seigneur vous dira un jour : « ce que vous avez fait à ces petits d'Aiguebelle c'est à moi que vous l'avez fait ; venez donc, vous qui êtes béni de mon Père, posséder le royaume qui vous a été préparé dès l'origine du monde. »

C'est cette récompense large, pressée et surabondante que nous demanderons chaque jour pour vous au grand Rémunérateur des âmes. Déjà même nos cœurs, pleins de la plus ferme confiance dans les promesses divines, tressaillent d'allégresse à la perspective de la gloire qui vous attend dans la céleste patrie, pour le bien que vos mains ont opéré ici-bas durant le demi-siècle écoulé de votre ministère sacerdotal, et de celui qu'elles opéreront encore pendant les nombreuses années que nous supplions la divine Providence de vous accorder, pour la gloire de Dieu et la consolation de l'Eglise militante dont les membres sont actuellement si éprouvés.

Tels sont, Monseigneur, les sentiments dans lesquels vos protégés d'Aiguebelle, en ce jour vraiment jubilaire, acclament avec transport et d'une voix unanime votre nom justement béni des hommes parce qu'il a été singulièrement béni de Dieu.

Aiguebelle, 7 décembre 1883, veille de la fête de l'Immaculée Conception.

Ce n'est pas seulement les communautés qui, de proche et de loin, tiennent à exprimer leurs vœux au vénérable curé de Saint-Epvre. Les grands dignitaires provinciaux, les supérieurs généraux, mêlent leurs voix à celles de leurs religieux. Je cite au hasard la lettre suivante parmi tant d'autres venues :

MONSEIGNEUR,

Quoique je me propose de vous envoyer, immédiatement avant l'heureux jour de votre jubilé sacerdotal, l'expression solennelle de nos sentiments, j'ai voulu faire précéder cette envoi d'une lettre plus intime, dans laquelle je puisse exprimer plus librement les pensées de mon cœur.

Vous allez donc, Monseigneur, monter bientôt au saint autel pour remercier Dieu des bénédictions qu'il a répandues sur votre longue, féconde et glorieuse carrière sacerdotale. Il est beau, respectable, vénérable, le prêtre à cheveux blancs, quand, après cinquante ans d'une vie d'innocence et de dévouement, il chante avec allégresse son *Gratias agamus Domino Deo nostro*. Mais le spectacle est bien plus touchant encore, lorsque, du haut du ciel, le Seigneur lui-même répond aux actions de grâces de son prêtre par des remerciements paternels.

Or telle sera la scène invisible dont les anges seront les heureux témoins dans quelques jours. Oui, Monseigneur, Jésus-Christ vous remerciera autant que vous remercierez Jésus-Christ.

Il vous remerciera d'avoir, à la gloire de son nom et pour le bien de ses fidèles, élevé cette basilique, immortel monument de votre zèle, qui durant des siècles entendra ses louanges ; d'avoir multiplié en d'autres lieux ses sanctuaires, là où le bien de son peuple le réclamait ; de telle sorte que ces premiers prodiges de votre zèle suffiraient à eux seuls, pour illustrer la vie de beaucoup de prêtres.

Il vous remerciera d'avoir, avec le tact que donne la vraie charité, songé aux deux portions les plus chéries de son troupeau ; je veux dire à la jeunesse dont vous avez favorisé l'instruction par d'utiles et florissants établissements, et aux pauvres dont vous soulagez incessamment les misères matérielles et morales.

Il vous remerciera d'avoir été, en maintes circonstances, la Providence de vos évêques et de votre diocèse en mettant à leur disposition, avec une très louable abnégation, les inépuisables ressources d'une générosité secondée par une habileté sans égale.

Il vous remerciera de n'avoir pas, parmi tant et de si onéreuses sollicitudes, oublié ses religieux et ses religieuses persécutés ; et d'avoir pourvu a leurs besoins comme si les soulager eût été votre unique soin.

Il vous remerciera, au nom de sa catholique Lorraine, d'avoir multiplié, pour son bien, d'autres œuvres si nombreuses et toutes si bien choisies, que les louer, et seulement les nommer, demanderait de longues heures.

Il vous remerciera de n'avoir jamais, parmi tant de sollicitudes, oublié un seul des devoirs du pasteur spirituel des âmes, et d'avoir, durant de longues années de ministère, constamment fourni à son peuple le pain de la parole, le trésor des sacrements, le bon exemple et la prière.

Il vous remerciera d'avoir, en votre vénérable personne, maintenu dans toute sa splendeur, l'honneur des vertus sacerdotales, et vécu de telle sorte que durant un demi-siècle il n'ait jamais eu qu'à se glorifier de vous avoir fait prêtre.

Il vous remerciera de n'avoir jamais douté de sa Providence, et d'avoir su, pour sa cause, accepter l'amer comme le doux, de telle sorte que ni les dégoûts, ni les mécomptes, ni les fatigues, ni les obstacles, ni les malentendus n'ont jamais pu, ni ébranler, ni même déconcerter votre constance intrépide.

Il vous remerciera de n'avoir jamais admis sur vos lèvres charitables, ni la plainte, ni le murmure, et d'avoir fait briller, aux yeux de vos frères dans le sacerdoce, le noble exemple d'un inaltérable respect et d'une douce patience.

Il vous remerciera enfin de n'avoir pas veilli de cœur, et d'être prêt à vous dépenser pour sa cause jusqu'au dernier de vos jours.

Et vous, Monseigneur, pendant que le divin maître vous témoignera sa reconnaissance, vous répéterez votre *Gratias agamus Domino Deo nostro*. Vous remercierez le Seigneur de ces innombrables secours prêtés à votre charité, de ces constantes bénédictions répandues sur vos œuvres, de ces grâces intérieures qui ont soutenu votre courage, de ces secours spirituels qui ont gardé votre âme au sein de tant d'agitation, de cette splendide santé et de cette verte vieillesse qui ont été la récompense en même temps que la ressource de votre infatigable zèle.

Et après que ce colloque entre Dieu et vous sera achevé, les vénérables prélats réunis pour honorer en vous l'homme aux grandes et saintes œuvres, tout ce peuple de prêtres accourus pour fêter celui qui est leur honneur et leur joie, tout ce peuple de fidèles heureux et fiers de leur pasteur répondront d'une voix et d'un cœur émus : *Dignum et Justum est.* Il est digne et juste que cet homme remercie son Dieu ; il est digne et juste que Dieu remercie son serviteur.

Pourquoi faut-il que moi, qui, plus que beaucoup d'autres, ai la douce obligation d'unir, en mon nom et au nom de tous mes frères, mes remerciements à ceux de Jésus-Christ lui-même, pourquoi faut-il que je sois privé par les circonstances du bonheur d'unir ma voix à ce chant de reconnaissance ? C'est un sacrifice : je l'offre à Dieu pour vous, Monseigneur, en y joignant le tribut de mes pensées, et plus encore le tribut du saint sacrifice de la messe que je ferai célébrer pour vous, le onze, par beaucoup de nos Pères, pour vous qui le méritez à tant de titres.

Tels sont les sentiments que vous voudrez bien agréer comme une faible expression de ma respectueuse et affectueuse gratitude. Je vous prie, Monseigneur, en les recevant, de croire à l'amitié pleine de vénération avec laquelle je suis et veux être toujours,

Monseigneur, votre très reconnaissant, très respectueux et très dévoué serviteur en Jésus-Christ.

Des voix plus autorisées et plus grandes encore se sont élevées. La corbeille des Noces renfermait les vœux des Princes de l'Eglise de France. Un des plus éloquents évêques du midi, dont le nom est sur toutes les lèvres quand il s'agit de beaux discours, avait écrit une fort belle lettre de félicitations où il est dit :

« Je serais allé grossir à Nancy le nombre des Prélats,
« si un autre devoir ne m'avait appelé ici. Mais mon
« cœur a tressailli d'aise à la pensée de votre belle fête.
« Pourquoi ne venez-vous pas dans ma chère ville de...
« Vous y verriez ma cathédrale restaurée et vous en
« apprécieriez le mérite, étant le plus grand bâtisseur
« d'églises que l'on connaisse de nos jours. Venez me
« voir, vous comblerez les vœux d'un vieil ami qui vous
« aime autant qu'il vous honore, et qui compte parmi
« les plus grands bonheurs de sa vie celui de vous
« avoir connu.

« Votre tout dévoué serviteur et ami. »

Un autre Pontife, un de nos éminents archevêques, avait à son tour exprimé ses félicitations spéciales :

«... Si j'avais connu cette date, plus particulièrement
« chère à l'Eglise de Nancy, j'aurais pris ma part dans
« la joie de vos Evêques, des prêtres, des religieux, du
« peuple qui ont, dans votre personne, glorifié la bonne
« Providence dont vous avez été, dont vous serez jus-
« qu'à la fin, l'intrépide et fidèle *Econome*. C'est un beau

« nom qui fut autrefois donné par la voix publique à
« saint Vincent de Paul.

« Laissez-moi donc vous dire, cher et vénéré Sei-
« gneur, après tant d'autres, mais de grand cœur : *Ad*
« *multos annos !* Je joins à ce vœu mes meilleures béné-
« dictions pour vous et vos œuvres gigantesques, et je
« réclame, à mon tour, un *Memento* dans vos prières et
« sacrifices d'action de grâce. »

Il faudrait un gros volume pour recueillir et enregistrer tous ces témoignages. Je ne fais que citer, en pas-
sant, quelques adresses qui résument toutes les classes de
la société. Une seule voix, une seule louange était sous
toutes les plumes et dans tous les cœurs, et cette louange
s'adressait à l'homme étonnant, au prêtre ouvrier, à
l'architecte indompté des Basiliques.

J'ai eu l'occasion de rappeler les offrandes qui lui
étaient venues de Lunéville, de Nancy et d'un grand
nombre de villes françaises et étrangères. J'y reviens
avant de finir ; car la corbeille s'était étrangement grossie
depuis deux jours. Les tableaux les plus surprenants
étaient arrivés. Un aveugle de Hollande avait envoyé
une tête de Christ de la plus grande beauté. Un cal-
vaire en bronze doré était venu d'une maison religieuse
de Belgique. Tout à côté, se trouvait un petit chef-
d'œuvre de dessin envoyé par le collège du Bienheureux
Pierre Fourrier. Plus loin, et dans la cour, une splendide Vierge offerte par M. Klem, l'artiste bien connu
des boiseries de Saint-Epvre.

8

Tous avaient rivalisé de pieux empressement. L'amour filial se faisait concurrence.

Parmi les souscriptions si spontanées et si touchantes qui s'étaient ouvertes, toutes mériteraient une mention et des détails que je ne puis leur donner. J'en relève deux entr'autres : Celle des prêtres mise en circulation par les vicaires anciens et nouveaux de la paroisse Saint-Epvre, et celle qui valut le calice et les burettes artistiques de la maison Daubrée.

Messieurs Baudot et Menjaud, Mademoiselle de Lassale, Madame la générale Dessaint avaient pris, un mois auparavant, l'initiative d'une souscription qui, en quelques jours, se couvrit de nombreuses signatures.

Il fut décidé que les fonds seraient consacrés à l'achat d'un calice et de burettes, et Monsieur Daubrée, avec le goût artistique qu'on lui connait, sut combiner un heureux ensemble de symboles et de souvenirs, dans le goût du XIXe siècle.

Le pied du calice a six pans ornés d'appliques en or sur vieil argent et représentant Saint-Epvre, la Basilique, le chiffre de Monseigneur Trouillet, et une ruche, symbole de la Maison des Apprentis qui a également contribué à ce cadeau. Autour du pied sont inscrits en lettres d'or les noms des associations qui ont participé à l'œuvre. Sur les pans de la tige se trouve l'historique des œuvres principales du curé de Saint-Epvre. Autour de la coupe, au milieu d'un cercle de croix de Lorraine, en lettres d'or : Noces d'Or de Monseigneur Trouillet, 11 décembre 1883.

Les burettes offrent un ensemble très élégant et d'un travail achevé. Elles sont en cristal, recouvertes d'ornements en or de couleur. Sur l'une se détache une branche de raisins déchiquetée, sur l'autre une touffe de roseaux. Les anses sont formées de lettres entrelacées du chiffre de Mgr Trouillet. Le couvercle est terminé par une couronne de croix de Lorraine, au milieu de laquelle se dessine un pélican.

Telles sont en raccourci, et dans un tableau écrit trop à la hâte, les annales de cette magnifique fête, l'une des plus belles, des plus grandes, des plus émouvantes dont l'Eglise de Lorraine ait jamais offert le spectacle. Le chroniqueur qui veut arriver vite et répondre à la curiosité si légitime du public, ne saurait tout enregistrer, ni analyser. Une foule de détails lui échappent dans la rapidité de la composition; mais au moins a-t-il la conscience d'écrire une page utile et pleine d'édification pour ses contemporains.

Seule entre toutes les institutions de ce monde, l'Eglise a le don de produire de pareils spectacles. Ils dépassent de la distance du Ciel à la terre les vaines clameurs de gloire dont notre siècle a l'habitude de couvrir l'ombre inconsolée de ses héros. Elles réduisent aussi à la défaite du silence les ennemis du sacerdoce qui sont les ennemis de Dieu, et ce silence est un aveu de l'impuissance de la révolution contre le rôle social du prêtre ici-bas.

Celui qui a été l'objet de cette splendide manifestation

du peuple fidèle, a accompli un ministère public sur notre vieille terre de France. Dans un temps où règnent la persécution et le dédain, il a porté vaillamment le drapeau du clergé. Il est monté sur un trône de gloire aux yeux de tous, avec le cortége de ses œuvres et de ses bienfaits, et c'est au milieu d'une pompe incomparable qu'il a répondu pour ses frères en Jésus-Christ. Par la voix des pauvres et par la voix des enfants, par la voix des princes et par la voix du peuple, par toutes les voix des merveilles qu'il a accomplies, depuis le saint de pierre qui prie, jusqu'à la cloche qui sonne dans la tour des cathédrales, le curé de Saint-Epvre a proclamé l'immortalité du sacerdoce et sa fécondité victorieuse sur le monde.

C'est là véritablement son rôle providentiel, sa mission, le caractère qu'il faut donner à cette fête, devant la révolution qui essaye de jeter au vent les pierres du sanctuaire et de l'autel. Ce qu'il a fait est un double hommage rendu au Ciel et à son pays : Le Ciel le comblera de gloire, la Lorraine ne l'oubliera jamais !...

Nous plaçons ici en appendice l'inscription fort belle qui se trouve gravée sur la première pierre de l'église de Saint-Livier.

Voici cette inscription, un petit chef-d'œuvre :

Anno Domini millesimo octingentesimo octogesimo tertio,
die vero Decembris undecimâ,
Adstantibus et sacram functionem ornantibus
Reverendissimis in Christo Patribus :
DD. Carolo-Francisco TURINAZ,
hujusce diœcesis Nanceiensis et Tullensis Episcopo.
DD. Augustino HACQUARD, *Episcopo Virdunenei,*
DD. Gulielmo-Maria-Romano SOURRIEU, *Episcopo Catalaunensi,*
DD. Eugenio LACHAT, *Episcopo Basilcensi,*
M. MARIA, *Abbate Aiguebelle,*
D. Aloysio GONZAGA, *Abbate N.-D. des Dombes.*
exultantibus incolis ac plaudente plurimâ turbâ, tum de Plebe,
tum de Primatibus et Clero.
Illustrissimus ac Reverendissimus in Christo Pater
DD. Josephus-Alfridus FOULON,
Archiepiscopus Bisuntinus, nec non Provinciæ Metropolitanus
Primarium hunc lapidem Templi,
quod in loco vulgo dicto Pont-d'Essey,
ab Ecclesiâ parochiali Sancti-Medardi nimis remoto
D. Josephus TROUILLET,
Parochus Basilicæ Sancti-Apri Nanceiensis,
Prælatus a Cubiculis S. S. N. D. Leonis Papæ decimi tertii,
ære proprio, magnifico opere, ædificare constituit.
Ritu solemni benedixit,
et, adjuvante egregii operis Magistro A. CUNY, *Architecto,*
In proprio loco consignavit.
Parochiam Sancti-Medardi tunc temporis regebat D. Julius REMY.
Magistratus partes adimplebat D. C. CHARTON.
Temporalia parœciæ regebat D. N. GESNEL.
Operariis ædiumque structuræ præfuerunt D. D. J. et C. LACOMBE.

HUIC SANCTUARIO

PIUS AC MUNIFICENTISSIMUS FUNDATOR,
ob peculiarem devotionem a diebus juventutis suæ exorsam,
ipse peroptavit ut nomen imponatur
Sancti-Livarii,
qui e civitate Metensi oriundus,
pro patriâ fideque catholicâ strenuè decertans,
perantiquo tempore, nostris in finibus, abscisso capite, martyr occubuit.

Quod opus feliciter incæptum, ut ad optatum finem perducatur, concedat
Omnipotentis Dei Miseratio !

M. l'abbé Simonis, député au Reichstag allemand, venu pour la fête, était un des assistants de la bénédiction de la première pierre de Saint-Livier.

Nancy, Impr. Saint-Epvre. — Fringnel et Guyot.

84

www.ingramcontent.com/pod-product-compliance
Lightning Source LLC
Chambersburg PA
CBHW071157200326
41519CB00018B/5268